図解 F FILES No.052

スナイパー

大波篤司 著

新紀元社

はじめに

本書は「スナイパー」と呼ばれる者たちが、どういった思考や判断基準によって行動し狙撃という行為を成功させるのか。そのために用いられるテクニックや様々な装備などを含めて、わかりやすく解説したものです。

彼らの行動は当事者以外にとって“奇異で不可解なもの”に見えることがあります。アメリカ軍のスナイパー「カルロス・ハスコック」は潜伏中、排泄物を全てズボンの中に垂れ流したという逸話がありますが、何故そこまでと理解しがたいこうした行動も、戦場における狙撃が「狩猟(ハンティング)の延長」にあると考えれば納得できます。相手がモノを考える「生き物」である以上、標的射撃のように“狙って撃つ”だけでは足りません。相手が何を思い、どう行動するかを予想し、その先を考えなければ弾丸を命中させることはできないのです。相手が人間であれば、この知恵比べは命がけになります。特に相手が同じスナイパーの場合、先にこちらを見つけて必殺の銃弾を放ってくることもありえます。生き残るため、スナイパーは持ちうる知識と技術を総動員しなければならないのです。また戦場以外の場所で狙撃を行う警察の部隊や、テロの手段として狙撃を行う者にしても油断はできません。彼らが標的からの反撃で命を落とすケースは皆無ですが、狙撃に失敗したため社会的な死、あるいは精神的な死に追い込まれることも少なくないからです。

スナイパーは用心深く慎重で、挑発にのらず、自分の果たすべき役割をわきまえ、黙々と仕事をこなしていきます。映画や小説、コミックなどにおいて物語を引っ張っていくキーマンにはならないかもしれませんが、主人公の仲間や敵役としては非常に魅力的です。味方であれば絶体絶命のピンチを間一髪のタイミングで救ってくれる頼もしい存在といえますし、敵に回れば目的を達成するために乗り越えなければならない大きな障害となりえるでしょう。本書を読むことによって彼らの信念やこだわり、狙撃の際のちょっとした動作も理解できるようになります。あなたの作品にスナイパーが登場する際も、より深みのある描写をすることができるようになるでしょう。

本書がみなさんの好奇心を満たすきっかけになれば嬉しく思います。

大波　篤司

目次

第1章
狙撃の
基礎知識

No.001

狙撃とは何か？

狙撃とは一般的に「非常に遠くの標的に対する正確な射撃技能」と捉えられがちだが、その本質は「隠れた場所から攻撃する」ことである。必ずしも遠距離である必要はなく、ライフルを使わないとダメというわけでもない。

●狙撃とは「戦い方（戦術）」のことである

狙撃という行為にとって、距離は本質的な問題ではない。実際、1995年に起きた「国松警察庁長官狙撃事件」での狙撃距離は20m程度、2002年の「ワシントンDC連続狙撃事件」においては45～90m以内でしかない。

しかしこれら2件は、紛れもなく狙撃事件としてカテゴライズされるものだ。なぜなら犯人が“見えないところから”撃ってきているからである（国松長官の事件では死角となる植え込みの陰から、ワシントンDCでは後部座席を取り外しトランクに穴をあけた車の中から狙撃が行われた）。隠れた場所から攻撃することこそが狙撃の本質であり、近い遠いは些細な問題なのだ。

狙撃者が見えない場所から攻撃するのは「自分の所在が確認されにくく」「敵からの反撃を受けにくく」「その結果、身の安全を確保できる」からである。狙撃が遠距離から行われる理由は、こうした条件を満たすのに都合がよいからでしかない。距離が問題でないのなら使用する銃器もライフルにこだわる必要はなく、狙撃のシチュエーション次第では拳銃を用いて狙撃を行うことすら不自然ではない。

また1発～数発の銃弾で周囲に最大限の戦略・戦術的効果を与えることができるのも特徴で、狙撃を作戦に組み込む際にはそうした効果を十分に計算した上で行う。ストレートに「リーダーや通信手段を無力化する」やり方はその集団に回復困難なダメージを与えることができるし、特定の移動ルートを通過しようとする者のみが撃たれれば、大勢の人員や資器材を使わなくてもそのルートを封鎖することができる。

狙撃とは情報収集能力や判断力、専門知識や体力・持久力などが高度に組み合わさってはじめて成功するものである。遠距離射撃の技術は狙撃の成功率を上げる助けにはなるが、数ある必要な技術の一つでしかないのだ。

狙撃とは何か?

狙撃の本質は「**隠れた場所から攻撃する**」ことであり
距離は問題ではない。

では狙撃が「遠くから」行われるのは何故か?

① 所在を確認されにくい。

⇒遠ければ物理的に見えない。偽装していればなおさら。

② 反撃されにくい。

⇒相手に遠距離攻撃の武器や技能がなければ反撃されない。

③ 身の安全を確保できる。

⇒見つからず反撃されなければ攻撃を続けるのも逃げるのも簡単。

数々の要素が
組み合わさって
はじめて狙撃は
成功する。

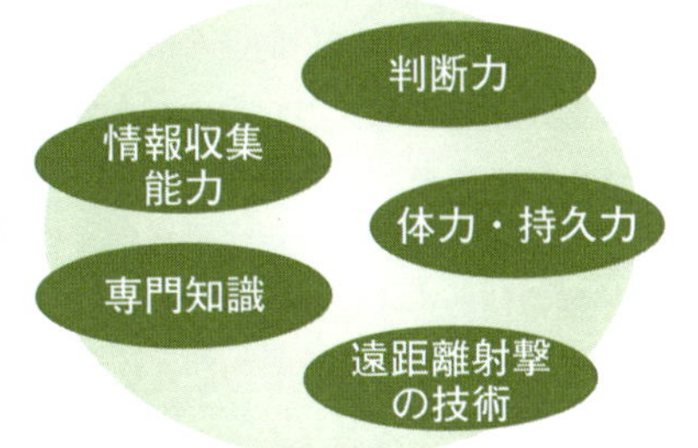

狙撃において重要なのは距離や使用する武器ではなく、
状況を変化させようとする明確な意志と技量の存在である。

ワンポイント雑学

ただ一度の攻撃（＝1発の銃弾）で、状況を大きく動かす可能性があるのが狙撃という行為だ。正確無比に患部のみを切除することから「外科手術」に例えられることもある。

No.002

狙撃をする人はなんと呼ばれるか？

狙撃をする人を「スナイパー」と呼ぶのは一定以上の共通認識と考えてよい。しかし日本語では「狙撃手」「狙撃兵」「狙撃屋」などのように、表現に多少の揺れが生じる。この違いには何か意味や理由があるのだろうか？

●タシギを狩る者

その身を隠して標的を照準に捉え、放った一撃によって敵の意志や能力を失わせることを至上とする者たちを「スナイパー」と呼ぶ。この言葉はタシギ（Snipe）という鳥の名前が語源とされている。警戒心が強くトリッキーな動きをするタシギは射撃の技術が優れているだけでは仕留められない。持てる知識や経験を総動員して獲物の行動を先読みし、出し抜くことができる者を、賞賛を込めてスナイパーと呼ぶようになったのである。

狙撃の技能を持った者を「マークスマン」や「シャープシューター」などと呼ぶケースもあるが、これらは軍隊内における立場や役割を示す用語であり、警察だろうが犯罪者だろうが等しく用いられる「スナイパー」という言葉ほど世間的な認知度が高いとはいえないだろう。また軍と警察では狙撃に求められる役割が異なるため、あえて「ミリタリー・スナイパー」「ポリス・スナイパー」と区別して呼ぶ場合もある。

日本語でスナイパーを指す言葉は「狙撃手」であり、軍隊や警察など所属する組織に関わらず広範囲に使われている。軍事活動に従事するスナイパーに対しては特に「狙撃兵」の語があてられることがあるが、傭兵やゲリラのように軍に所属する“兵士”でなくとも、戦場で出会うスナイパーであれば「狙撃兵」と呼ばれることも多い。

組織に所属しないフリーのスナイパーだったり、テロリストとしてのスナイパーは、自らを「狙撃屋」と称する場合がある。この呼び方はいわゆる暗殺者を指して「殺し屋」と言うのと同じパターンで使用される。スナイパーに対する訳語としてはあまり一般的とはいえないが、第三者がこの表現を用いる場合、政治家のことを「政治屋」「政治業者」などと呼ぶケースと同様に嘲りのニュアンスを言外に含んでいる場合が多い。

スナイパーの呼び方

標的を狙い撃つ——狙撃をする人のことを……

スナイパー（Sniper）

と呼ぶ。

「タシギ」という仕留めるのが非常に難しい鳥の名が語源で、尊敬の意味が強い。

ほかにも

マークスマン　シャープシューター

などの呼び方があるが……

→ どちらかというと組織（軍隊）内の役割を示す名称。

ミリタリー・スナイパー
ポリス・スナイパー

軍隊と警察では**スナイパーが担う役割**が大きく異なるため、区別して呼ぶことも多い。

日本語では……

狙撃手
軍隊・警察を問わず広く用いられている呼び方。どんな立場の者でも問題なく通用する。

狙撃兵
特に軍隊や兵隊に対して用いる。傭兵やゲリラなど軍に属する兵士でなくても使用される場合がある。

狙撃屋
「殺し屋」と同じ響きで用いられる。主に自称。他者を指して用いる場合は嘲りの意味が込められていることが多い。

ワンポイント雑学

アメリカ軍はかつて報道関係者を集め、無差別狙撃事件の犯人をスナイパーと呼んだりせず「ライフルマン」と呼ぶように要請したことがある。

No.003

スナイパーに求められる資質とは？

スナイパーの資質とは「超人的な射撃の技術」ではない。射撃術に優れていればいろいろ有利になるのは間違いないが、そうした訓練や経験によって補完できるものより「生まれ持った資質」のほうが重要になる場合もある。

●知力・体力・ほかにもたくさん

生まれ持った資質というと何とも漠然としたくくりだが、つまるところ長期にわたる移動や潜伏に耐える「体力」や、様々な重圧に耐える「精神力」などといったもののことだ。これらは訓練によってレベルアップを図ることが可能だが、その伸びしろには生まれつきの差がある。

冷静な判断ができることは重要だが、それには持って生まれた性格が影響を及ぼす。表情を表に出さず口数の少ない寡黙な人柄がスナイパーの一般的イメージであるが、陽気で饒舌な人間が狙撃に向いていないわけではない。ユーモアのセンスは過酷な任務によるストレスを和らげてくれる。

どんな性格であれ感情のコントロールができるならば問題なく、逆にそれができない人間は任務を続けることが難しいかもしれない。自分が撃った人間が生命の終わりを迎える瞬間を目撃することになるスナイパーは、人間なら当然に生じる“負の感情”に折り合いを付ける必要があるからだ。

「好奇心」は非常に重要なファクターである。普段と違う何かを発見したときに「ま、いっか」で済ますのではなく、その理由や原因を追求することは大切だ。長時間標的を監視するポリス・スナイパーや、軍隊におけるスカウト・スナイパー（斥候としての狙撃手）には特にこの資質が求められる。

また、ライフルの弾丸は風や気温や重力の影響を受けるので、ビームのようには直進しない。こうした物理法則は弾道学などといった理論として理解しなければならず、そのためには一定以上の「知力」が必要だ。

しかし風や気温や重力の影響などを全て勘案し、最後には直感で照準の修正をしているにも関わらず高成績を残すスナイパーも存在する。彼ら自身にもなぜそうなるのか理解していない場合も多く、そういったケースでは生まれ持った「直感力」のような素養が存在するということになる。

スナイパーに求められるもの

軍隊や警察、あるいは法の枠外にいるスナイパーにとって、
目的達成のために求められる要素は多い。

中でもモノをいうのが「生まれ持った資質」である。

体力
長期の移動や
潜伏に耐える。

精神力
様々なプレッシャーを
はねのける。

知力
弾道学などの
理解と実践。

感情の制御
気持ちが入れ込み
すぎないようにする。

直感力
説明のできない
「カン」の強さ。

好奇心
違和感を感知し
理由や原因を追求する。

こうした素養に比べれば、後天的に鍛えることのできる
「射撃の技術」はあまり大きなアドバンテージにはならない。

観察をし、集められた情報を判断して決断する能力も
求められる。軍隊の狙撃手は指揮系統から外れて行動
するため自分で判断して行動できなければ任務を遂行
できないし、テロリストの場合は自身の生死に関わる。

ワンポイント雑学

喫煙者はスナイパーとしてふさわしくない。タバコの火や煙は遠くからでも目立つし、臭いもなかなか消えない。さらにニコチンが切れると心身が安定しないのも問題となる。

No.004

スナイパーの育成には何が必要？

軍隊にしろ警察組織にしろ、その存在意義や成立の過程、社会情勢などによってスナイパーに要求される資質・技能の水準が異なるのは当然だ。多くの場合、候補者に専門的な教育を施すことで新たなスナイパーを育成する。

●選抜と教育

スナイパー候補として選抜されるための要求水準は、その組織の属する国家がどんな状態にあるかに左右される。スナイパーの重要度は地上戦がどれだけ発生するかにも関わってくるが、日本のように比較的平和な島国と、内陸国で周囲を友好的とはいえない国々に囲まれたイスラエルのようなケースでは状況が異なる。才能を持った候補者の潜在的な数も重要だ。

軍隊の存在が日常に近いポジションにあったり、凶悪事件の際に警察特殊部隊が突入することが珍しくない国でもスナイパーの立ち位置は変わってくる。少数でも精鋭が欲しい場合と、とにかく頭数が必要な場合とでは、求められるものも異なるからだ。ドイツの「ミュンヘンオリンピック事件」での失敗や、ソ連の「大祖国戦争」における狙撃兵の活躍など、過去に体験した狙撃絡みの事例も要求されるレベルに影響を及ぼす。

射撃の技術は一定水準以上ならばOKとされることが多い。「スナイパーに求められる資質」は一般的なエリート兵士・エリート警察官とは異質のものなので、その有無こそが重要なのだ。志願であれ推薦であれ、資質を持っていると判断された者は晴れてスナイパーの教育課程に進む。

教育で重視されるのは高度でアクロバティックな射撃術を身につけることではない。多くの時間を費やすのは弾道学や材質理論、構造力学といったものを延々と解き続ける「座学」である。ライフルを構えている時間より、机に向かっている時間のほうが長いといわれるくらいだ。

軍隊にしても警察にしても、スナイパーの任務は「観察」と「分析」が重要になる。あらゆるものに興味を持ち、先入観を捨てて考えなければならない。こうした思考が自然の中にある不自然を見抜き、視界の隅に生じた変化を見逃さない注意深さを養うのである。

新たなスナイパーを増やすには

まずは「スナイパーの候補」となる者を
探さなければならないが……。

その国や地域が……

人材の育つ
土壌があるか。

・射撃や狩猟が生活に根ざしている。
・地域紛争やテロなどの脅威にさらされている。

才能を持つ候補者が多ければ
育成期間の短縮や水準の底上げにつながる。

資質を備えた者の数はあまり多くない。

選抜された候補者は訓練所や学校に集められて教育を受ける。

スナイパーの教育課程では**狙撃の技術**的なことよりも
観察や**分析**、**弾道学**のような面が重要視される。

こうした資質を開花させてスナイパーになれる者は
ほんの一握り

スナイパーにふさわしい思考と精神状態を持ち得なかった者は
元の部隊に帰ることになるが、訓練で得た知識や経験をほかの者
に伝えることで全体のレベルアップを図る役割を担う。

ワンポイント雑学

スポーツ選手のコーチやプロリーグの指導者のように、狙撃教官は現役あるいは引退したスナイパーである
ケースが多い。

No.005

スナイパーは優秀な「エリート」か？

スナイパーは「特殊」な者であることに間違いはないが、それが「優秀な兵士や警官」とイコールで結ばれる保証はない。優秀な者の多くは特殊な面を持っているが、特殊な者が全て優秀というわけではないのだ。

●優秀には違いないが……

スナイパーは優れた「エリート」なのだろうか。他人と違うことがエリートの条件であるならば、そうだと言うこともできる。しかし集団に溶け込めない「はみ出し者」も、他人と違うという点で見れば同じである。彼らをエリートと呼んでしまうのには異論がある者もいるだろう。

組織の中に「スナイパー部隊」があったとしても、それがエリート部隊を意味するとは限らない。スナイパーを集める理由は管理手続き上、そうしたほうが都合がいいという理由でしかないからだ。彼らの思考は一般の兵士や警官とは違って“特殊”なため、それを理解する人物でないと扱いきれないし、別部隊にしておけば訓練や装備の維持や管理なども効率的にできる。

こういった部隊は平時においては集団で練度の維持・向上に励むが、現場には「単独や数人のチーム」として投入されるケースがほとんどだ。スナイパーの仕事は個人の資質に依存している部分が大きく、集団の中の歯車として運用されることには向いていないのである。

特に軍の組織においては狙撃兵に対して大きな自由裁量権が認められており、独立して行動したりほかの部隊を支援したりする。特殊(スペシャル)な存在である狙撃兵が通常の歩兵に混じって行動したとしてもその能力を発揮できず、何のために狙撃の訓練をしたのかわからなくなってしまうからだ。

また任務として「人間」を標的として撃つよう求められることも多く、スコープにとらえた相手の人生を、自分の指先一つで終わらせたり、大きく狂わせたりできるといったことが繰り返される。狙撃を行う動機が使命感であれ好奇心であれ、普通人とは異なる精神構造でなければつとまらない。

つまりスナイパーという存在は、編制や装備、運用、メンタル面など全てが特殊ではあるものの、必ずしもエリートというわけではないのである。

特殊=エリートではない

スナイパーは特殊な存在ではあるが……

特殊  **優秀**

特殊な者が全て優秀だとは限らない。

もちろん知能や技量に秀でてなければスナイパーにはなれないので、優秀であることには違いないのだが……

普通人とは異なる精神構造でなければつとまらないため「特殊」な面のほうに比重が偏る傾向にある。

しいていうなら

特殊 ≧ 優秀

こういう感じ。

スナイパーは孤立しやすい・・・？

自分が“普通の人間と異なる価値観を持つ”ことを自覚しているスナイパーは、好んで仲間の輪に入ることをせず、一線を引いていることも多い。こうした行動が周囲から「自分が特別なことを鼻にかけている」と見られる原因となり、またスナイパー自身もそうした認識の違いを積極的に埋めようとはしないため、エリート風を吹かせているように見えてしまうのだ。

ワンポイント雑学

「頭の悪い（数字に弱い）スナイパーはいない」といってよい。弾道学を始めとする数字との格闘は、狙撃に必要不可欠なものだからだ。

No.006

女性はスナイパーに向いている？

オリンピックや射撃競技会などといった標的射撃の世界、特に立射においては、女性のほうが総じて高成績である場合が多い。フィクションの世界においても女スナイパーの存在は定番であるが、何か理由があるのだろうか？

●骨格で銃を支える

女性の立射の成績が良好な理由については、ある程度の理屈がある。射撃競技でよく用いられる立射姿勢のバリエーションに「ヒップレスト」という姿勢があり、これはライフルを支える左手を腰の位置、骨盤の上に乗せるものである。女性は骨盤の位置が男性よりも高く張り出しているので、この姿勢がやりやすい。

ライフルは左手から肘を介して骨盤で支えるので腕力は必要なく、むしろ力を入れてはならないとされる。そのため筋力のない女性でも不利にならないというのだ。ヒップレストの姿勢に関わらず、ライフルを構える際は筋力で支えるのではなく全身の骨格や砂袋などを利用して安定させるのがコツであり、女性のほうがこうした感覚をうまく自分のものにできるのではないかといわれている。

またスナイパーに要求される“メンタル面のタフさ”はあるのか――つまりスコープの向こうで標的が血を吹いて倒れ、絶命するという残酷な光景に女が耐えられるかという疑問は、考えの浅いものであるといえよう。

映画やドラマなどでは極限状態に襲われたときに最初にパニックを起こしたり泣き言を言ったりするのは女性と相場が決まっているが、これは視聴者が期待する事柄を具現化した「フィクションの世界で割り振られた役割」にすぎない。

実際“ある種のスイッチ”が入った状態の女性は、そこらの男性など及びもしないような肝の据わった思考や行動に至ることが多い。古くはフィンランドにおける冬戦争や、第二次世界大戦時のソ連軍女性狙撃兵の活躍に始まり、現代の警察系特殊部隊にも多くの女性スナイパーが活躍している。こうした事実を前に、女であることを理由に侮るのは危険というものであろう。

女スナイパー

女性はもともと筋力がないので、「ライフルを骨格で支える」という感覚がつかみやすい。

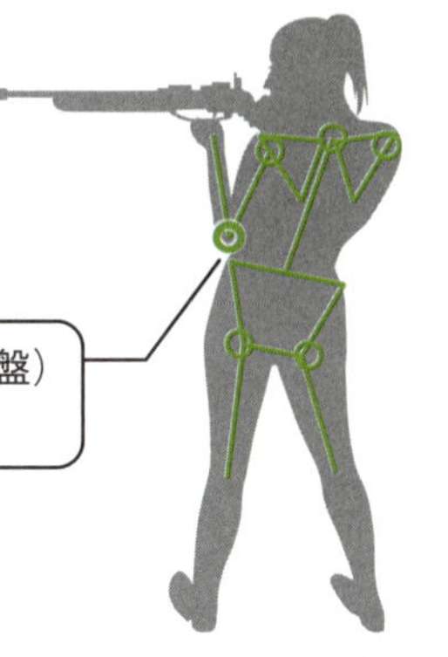

左肘を腰骨（骨盤）の上に乗せる。

男性より骨盤の位置が高く左右に張り出しているためヒップレストがとりやすい。

ヒップレスト・ポジション
（立射のバリエーション）

メンタル面に関してはどうか……？

歴史上、多くの戦いや組織の中で女性スナイパーは実績を残している。

覚悟の決まった女性は「か弱い」などという状態からは程遠く、とてもアクティブになる。

そもそも月イチで出血を強いられたり子供を産んだりする女性は、男性よりも血に対する耐性が強いという説すら存在する。

「女は心が弱い」などというのは幻想。

ワンポイント雑学

ヒップレストの姿勢では左腕の長さが足りなくなることがあるので、フォアエンドや引き金の近くに「パーム・レスト」という器具を装着して長さを補ったり、指を伸ばして乗せるだけといった姿勢をとることがある。

No.007

軍隊における狙撃兵の役割とは？

軍事作戦におけるスナイパー（狙撃兵）の基本的な役割としては、重要地域における「警戒」と「監視」があげられる。彼らが単なる偵察兵と異なるのは、いざとなったら狙撃銃を用いて実力行使ができる点だ。

●ミリタリー・スナイパー

中世の騎士が活躍する戦場や、日本の戦国時代のようなところでは「1人の超人」の存在が戦いの流れを変えてしまうことも珍しくないが、近代戦における軍隊の中に優れた技量を持つ個人がいたとしても、それによって勝利をつかむことは難しい。

数少ない例外の一つが狙撃兵の存在である。山の合間や深い谷間を進軍してくる敵が狙撃兵によって足止めされている間に、本隊が有利な場所に移動したり安全な場所まで撤退したりなど、その有効性は非常に大きい。

狙撃兵の“実力行使”は、歩兵の援護手段として用いられることも多い。警戒と監視によって歩兵部隊の目となりながら、狙撃銃で敵を排除することで味方の進軍や撤退をサポートするのだ。このとき敵軍の指揮官や通信兵を狙撃することにより、さらに大きな混乱を引き起こすことも可能である。

また、より積極的に「邪魔者（障害）の排除」という使い道もある。敵の拠点に潜入して指導者を射殺したり、通信設備などの重要施設や航空機などの精密機器にダメージを与えて使用不能にするのだ。

狙撃によって歩兵部隊の支援を行うだけなら選抜射手（マークスマン）でもその役割を果たすことができるが、こうした潜入・破壊工作的な任務の場合、専門の教育を受けた狙撃兵が単独で、あるいは2～数人の小規模チームで行動する。秘密のうちに敵の近くまで忍び込むためには狙撃兵の持つ専門スキルが必要なのと、人数が多ければそれだけ目立ってしまうためだ。

専門教育を受けたスナイパーは得がたい存在なので、ヤクザの鉄砲玉のように使い捨てにはできない。必ず無事に戻ってきてもらって、また違う任務についてもらう必要がある。目的を達したあとで速やかに脱出するためには、臨機応変な行動のできる“少数精鋭”が理想なのだ。

ミリタリー・スナイパーの役割

戦争におけるスナイパーの仕事は……

標的の殺傷

＝ 重要人物の排除や、敵の部隊に対して無差別狙撃を行い進軍の速度を遅らせる。

監視・偵察・破壊工作

＝ 身を隠してターゲットを監視・偵察したり、必要に応じて施設などを狙撃して使えなくする。

基本的に全てを「自身の判断」において行う。

混乱を極める戦場や、遠く離れた敵地では、指揮官にお伺いを立てようにも無理な場合が多い。作戦中の狙撃兵は自身の置かれた状況を分析し、最善の判断を迅速に下す必要がある。

下された命令を遂行するために、オレは自分が最善と信じたことをやる。

判断を間違うと自身の死を招くので命がけ。

戦争という特殊な状況では、誰かを殺害しても罪には問われない。重要なのは生死そのものよりも「それによって起こる周囲の状況の変化」であり、それは対物狙撃にもあてはまる（完全破壊にこだわる必要はない）。

ワンポイント雑学

ミリタリー・スナイパーは「狙撃のスキルを持った歩兵」なので、普通の歩兵にできること（重い荷物を背負って長距離を行軍したり、格闘で敵を叩きのめしたり）は一通りこなすことができる。

No.008

1人の狙撃兵は100人の兵士より怖い？

「あんたが味方についてくれれば百人力だ」などという台詞は、映画や小説などでおなじみである。スナイパーとしての技量を持つ者は、まさにこの言葉にふさわしい存在ということができるだろう。

●「狙撃」の効果

狙撃兵の戦術的価値とは、自分たちのグループは人数を減らすことなく、相手のみに損害を与えることができる点にある。100人の敵兵と100人の味方が交戦した場合、敵を数人倒す間にこちらも同じ程度の損害を受ける。たとえ味方の人数が敵より多かったとしても、損害がゼロということは考えづらい。これが狙撃兵となると“敵に見つからない場所から攻撃する”のが基本戦術となるので、一方的に敵の数を減らすことができるのだ。

味方に狙撃兵が存在することは、戦略的な利点にもつながる。敵の心情としてみれば、自分のまわりの人間が次々と撃ち殺されていく中で心をよぎる「次は自分の番かもしれない」という恐怖は、簡単に振り払えるものではない。いつパニックに陥ってもおかしくない状態では落ち着いた状況判断が望めるわけもなく、統制の取れた行動も期待できなくなる。

狙撃兵がこうした戦略的効果を発揮するには、いくつかの条件をクリアしている必要がある。射手の技量や使用する銃の精度、狙撃が可能な天候であることなど複数の要素が絡み合ってくるが、特に重要なのが「敵に狙撃兵の位置が知られていない」こと、そして「狙撃兵の存在を敵に理解させる」ことである。

狙撃兵の場所がバレてしまうと、当然敵はその場所に雨あられと弾丸を撃ち込んでくる。そのうちの1発でも当たれば狙撃兵は任務を遂行することができなくなってしまうし、反撃を受けている間はじっくり照準をつけることなど不可能だ。

逆に狙撃兵の存在が相手に知られていなければ、隣の人間が倒れても「流れ弾だ」と思って怖がってくれない。狙い撃たれるという恐怖が敵軍に蔓延することによって、狙撃兵の価値は10倍にも100倍にもなるのである。

狙撃兵がいれば戦況をひっくり返せる

たった1人の狙撃兵に何ができる……！

・狙撃兵は「一方的に」敵の数を減らすことができる。
・狙撃兵は敵軍に恐怖を与えてパニック状態にできる。
・パニックになった相手など打ち破るのは難しくない。

やっぱり嫌だよ狙撃兵。

さらに……

1発の銃弾が戦場全体に大きな影響を及ぼすことがある。

・指揮官がいなくなれば敵部隊は混乱する。
・強力な兵器が動かなくなれば敵部隊は弱体化する。
・狙撃兵の存在が敵部隊の進軍をストップさせることがある。

効果を増すためにやるべきこと。

⇒狙撃兵が「存在すること」を敵に知らせる。

やってはならないこと。

⇒狙撃兵が「潜む位置」を敵に知られる。

ワンポイント雑学

味方の狙撃兵は頼もしい反面、その存在が敵にバレると集中攻撃を浴びる羽目になる。そのため、巻き添えを恐れる一般の兵士からは嫌われることも少なくない。

No.009

スナイパーの敵はスナイパー？

スナイパーに対抗できるのは同じスナイパーしかいない。敵味方を問わずスナイパーの活躍によって状況が膠着し始めた場合、それを排除するためにカウンター・スナイパーを投入するのは常套手段といえる。

●普通の兵士には荷が重い

狙撃兵は一般的な兵士に比べて遙か遠くの標的を狙い撃つことのできる「超人的な技能」を持ち、さらに長時間身動き一つせずに身を隠し続け集中力を維持できる「超人的な精神力」を備えている。

両者の差を埋めるのは一朝一夕にできることではなく、狙撃兵の隠れている場所がわかっていても普通の兵士の腕と装備では命中弾を送り込むことができない。そもそも普通の人間は狙撃兵が何を考え、何を重視するのか理解しがたいので、彼らの行動を予測することができないのだ。

狙撃兵の思考を予測し五分の勝負に持ち込めるのは、狙撃兵だけといってよい。このあたりはハッカーがサイバーセキュリティ会社に雇われてアンチウィルスプログラムを作成したり、元泥棒が防犯講座を開いたりするのに近いものがある。

狙撃兵にとって敵スナイパーに対処する「カウンター・スナイパー」は重要な任務の一つであり、フィクションの世界においても映画『山猫は眠らない』や『スターリングラード』（2001年版）など、スナイパー同士の駆け引きを主軸に据えた作品は多い。スナイパー対決はストーリーを盛り上げる山場にしやすいため戦場モノやスナイパーが主人公ではない作品においても人気があり、脇役やゲストキャラクターの見せ場として用いられる。

「狙撃」というスタイルの特性上、両者の対決は1発——それでなければせいぜい数発程度の発砲で決着がついてしまうことが多い。勝負の醍醐味は互いの狙撃位置（ポジション）を予測したりする心理戦や、射手自身がモノローグによって照準調整のウンチクを語ったりなどといった“弾丸が発射される直前までの間”に集約される方法論が一般化しており、銃声によって幕が下りるパターンが一種の様式美となっている。

カウンター・スナイパー

スナイパーに対して、普通の兵士では太刀打ちできない。

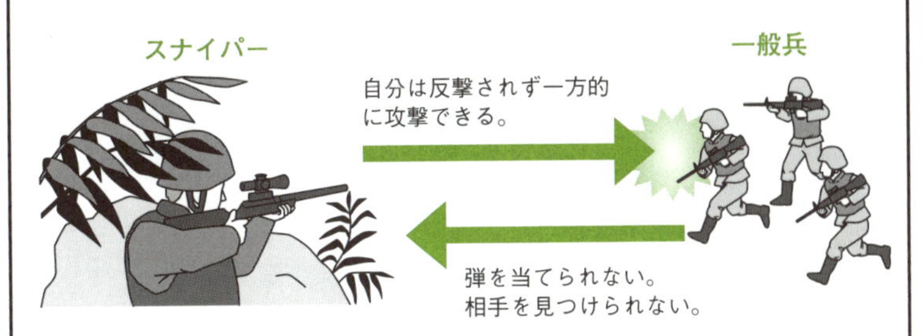

やはり「毒には毒をもって」
制しなければなるまい。

「カウンター・スナイパー」を投入してカタをつける。

カウンター・スナイパーの役割

- 知識と経験を総動員して敵の思考を読む。
- 敵の先手を打ってその行動を封じる。
- 最終的には敵スナイパーを排除（射殺）する。

スナイパーの都合がつかなかったら……

迫撃砲弾や対戦車ロケット弾や耐陣地用ミサイルで
スナイパーが潜んでいそうな場所ごと木っ端微塵にしてしまうことも。

ワンポイント雑学

「敵スナイパーとの直接対決」にこだわらずとも、潜伏場所を予想して攻撃部隊を差し向けたり、味方の人員や装備に対して狙撃対策を施すことも立派なカウンター・スナイパー任務といえる。

No.010

狙撃兵は降伏してもタダでは済まない？

戦の勝ち負けは相対的なものでもあり、百戦して百勝できるというものでもない。勝ち目がないと悟れば降伏して次のチャンスを待つという選択もアリなのだが、狙撃兵に限っては降伏しても無事でいられる保証はない。

●狙撃兵は報復の対象になる

戦場で敵が降伏を望んだ場合、同じ歩兵であれば“戦闘終了後も殺しあう必要はない”という思いから、相手に対して紳士的にふるまうことも珍しくない。しかし狙撃というやり方にはどうしても「卑怯な手段」といったイメージがつきまとう。狙撃兵が降伏したところで、相手には「見えないところから一方的に俺たちの仲間を撃っておきながら、自分が不利になったとたんに身の安全を保証しろだと？　ふざけるな！」といった心理が働くのだ。

もちろん狙撃兵の側としては粛々と自分の役割を果たしただけなのだが、やられた側としては心情的に納得のいくものではない。「お前には相応の報いをくれてやらねば気が済まない」「仲間のカタキだ」といった方向に気持ちが流れてしまうのは仕方のないことだろう。

降伏した相手がゲリラだったり、戦場が内戦中の国だったりした場合、こうした恐怖はさらに現実味を帯びることになる。先進国の正規軍でさえ狙撃兵に対して悪感情があるのに、戦争法規（戦争のルール）の通じない相手では人道的な扱いなど期待できない。

現実的な防御策として、一般兵士のふりをするという方法がある。ギリースーツなどのカモフラージュ装備を解き、狙撃銃を普通の銃に持ち替え、距離計や風速計のような専門装備を捨てる。つまるところ狙撃兵だと気付かれなければよいのだ。

もしごまかしがきかないような状況――狙撃中に発見されてしまった場合などでは、降伏以外の道を選ぶ狙撃兵も少なくない。敵中突破を試みて活路を見い出したり、普通では選ばないような危険な逃走ルートに飛び込んだりという選択はこの上なく大きなリスクを伴うものだが、一方的になぶり者にされる可能性を考えればまだマシな選択に思えるだろう。

とらわれた狙撃兵

普通の兵士が捕虜になっても……

捕らえた側に、多少なりとも
「理性」と「感情」のせめぎ合いが生まれる。

狙撃兵の場合

……どこにも救済の余地がない。

ワンポイント雑学

狙撃銃というものは、それ自体が様々な“ノウハウ”のカタマリといえる。そのため、覚悟を決めた狙撃兵は自分のライフルを破壊して敵に渡さないようにする。

No.011

警察におけるスナイパーの役割とは？

警察組織においてのスナイパーの役割は、凶悪犯を射殺することだと思われがちだ。それは一部において正解であるが、全てではない。警察の狙撃部隊にいるスナイパーにとっての重要任務は「監視」と「情報収集」である。

●ポリス・スナイパー

警官が拳銃を持っているのは「犯人を射殺するためだ」と言われれば、多くの警察官は「それは違う」と反論したくなるだろう。同様に、警察組織の狙撃手がスコープに犯人を捉えるのは撃ち殺すためではない。射殺するのは最後の最後、ほかに方法がない場合に限ってのことである。

通常、警察の狙撃部隊は犯人の射殺命令が出される以前に出動し、配置につく。これは犯人と交渉するにも排除するにも情報が必要になるということと、犯人に気付かれずに監視するにはスコープの望遠機能を使って身を隠しつつ遠くから監視できるスナイパーが適任という理由からである。

配置についたあとでも、実際にいつ撃つのかをスナイパー自身が選ぶことは難しい。狙撃のタイミングは「上からの命令」や「人質の危機」など外的要因によって決定されるケースがほとんどだからだ。

軍隊の狙撃兵は狙撃のタイミングを自分で選ぶことができ、この状態では撃っても当たらないと判断すれば狙撃を延期することも可能だが、警察のスナイパーはそうはいかない。たとえ難しい状態であっても、即座に撃って命中させなければならないのである。

逆に「撃たなきゃならない」ような状況にあったとしても、警察のスナイパーが独自の判断で狙撃するようなケースは非常にまれである。たとえ人質が危険に陥ったとしても「人質に危害が加えられるようだと判断したら撃ってよい」という命令がない限り、撃ってはならないのだ。

もちろんその結果として人質が死傷してしまうこともあるが、それはスナイパー個人の責任ではない。警察のスナイパーには軍の狙撃兵のように狙撃に関する全権が与えられているわけではなく、命令以外のことをして犯人が死んでしまった場合に殺人罪が適用されてしまうことだってあるからだ。

ポリス・スナイパーの役割

警察組織におけるスナイパーの役割は……

犯人の射殺

＝ 必要な場合に犯人の排除（射殺）を行うこともあるが
それが本来の任務というわけではない。

監視や情報収集

＝ 交渉するにも実力行使に及ぶにも情報は必要。
スナイパーは効率的かつ正確にそれができる。

ただし要所において「上からの指示・命令」が必要。

軍隊の狙撃兵のように「この場所を誰も通すな。方法は任せる」といった文脈で命令が下されることはない。事態が進行したり状況に変化が起きた場合は必ず新たな指示を仰ぐことが必要となる。

事件は現場で起きているんだ。
上の命令なんか待っていられるか！

こういった判断（独断専行）は許されない。

犯人射殺が最後の手段であることは、アメリカのような銃社会であっても同様だ。むしろ銃が生活の中に存在する社会であればこそ、犯罪者といえど「命を奪う」ことに対して相応の正当性や必然性が求められるのである。

ワンポイント雑学

ポリス・スナイパーの狙撃は市街地が多いため、ミリタリー・スナイパーのように1kmを超える狙撃の機会は少ない。しかし民間人に被害を及ぼさないよう、精度の高い射撃を要求される。

No.012

射撃競技のメダリストはスナイパーになれるか？

世界は広く、生まれながらに才能を持った人間はごまんといる。だが若くして射撃の世界記録を更新し、オリンピックに出ればメダル確実といった人物がいたとしても、スナイパーとして成功するかどうかは別の問題である。

●競技者の資質と狙撃手の資質

スナイパーの狙撃が射撃競技の標的射撃と異なるのは「駆け引き」の存在である。ターゲットとなるのは紙の的ではなく、ものを考える生きた人間である。相手の思考を読み、先手を打って反撃を封じ、できる限り一撃で仕留められるように戦術を組み立てていく必要がある。

このあたりの感覚は射撃競技よりも狩りに近いものがある。第二次世界大戦以前のスナイパーは多くが優れたハンターであったし、狩りに用いられる知識や技能の多くはスナイパーのそれと共通している。

射撃競技において最大の敵は「自分自身」であり、それに打ち克つことが高得点につながる。そこに駆け引きが存在したとしても、それは「ライバルよりも速く、高得点を」という競争原理に根ざしたものである。

そこには騙したり騙されたりなどといった、相手を出し抜こうという要素は存在しない。全てが終わったあとに、再挑戦の機会が与えられることだって少なくない。たとえ負けたとしても死ぬことはなく、命のやりとりなどはする必要がない。

加えてスナイパーにはメンタル面でのタフさも要求される。これは孤独に強いとか、同じ姿勢で何時間も耐えて待つことができるとかいうものではなく、もっと生々しい方向の——つまり、自分が撃った標的が絶命していくさまを凝視できるかといったものだ。

任務で狙撃を行う以上、スナイパーは標的に個人的な悪感情を抱いていない。殺したいほど憎い相手ならば躊躇なく引き金を引くこともできるだろうが、そうではない相手の生命を一瞬にして、それも無慈悲に奪うことになるのである。そうした不条理を許容できない者は、メダリストにはなれてもスナイパーにはなれないのである。

競技と狙撃は別モノ

神童現る！

史上最年少で
標的射撃の世界記録を更新！

はたしてこの人物は優れたスナイパーになれるのだろうか？

残念ながら、そうとは断言できない。

競技者

ひたすら己を高めていけば結果が出る。

誰の命も奪う必要はないし、自分も安全。

再チャレンジする機会はいくらでもある。

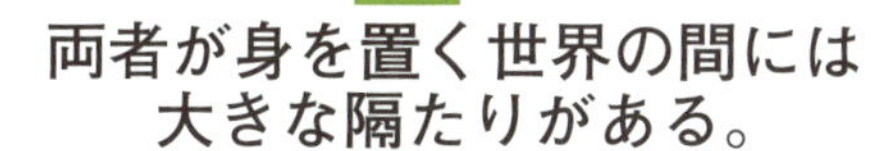

両者が身を置く世界の間には
大きな隔たりがある。

狙撃手

相手の思考を読んで、出し抜く必要がある。

他者の命を奪い、自分も危険にさらされる。

チャレンジする機会は原則として一度きり。

ワンポイント雑学

紙や金属で作られた標的は撃てても、いざ「生きて動いている人間」を前にすると引き金を引けなくなる者は多い。人間としては当然の反応だが、スナイパーとしては不適格である。

No.013

ミニッツ・オブ・アングル（M・O・A）とは何か？

スコープの調整目盛りに「1クリック 1/4 M・O・A」などと記されているものがある。ツマミを1クリック動かせば「M・O・Aの4分の1」だけ照準が動くということだが、M・O・Aとはいったい何なのだろうか？

●100m先の3cm

M・O・Aとは角度を表す用語で、ミニッツ・オブ・アングル（Minutes of angle）の略である。ミニッツ（1分＝1時間の60分の1）の語が示すように、360度を60分の1に分割した角度のことを指しており、計算上「100m先の2.9cmの高さ」となるが、通常は簡略化して「100m先の約3cm」として計算する。

M・O・Aは銃の照準に関わる様々な場面で使用される。中でも代表的なのがスコープの照準調整をするときだ。「ターレット」とも呼ばれる照準調整用のノブに「1/4 M・O・A」とか「1/8 M・O・A」などと記されている場合、調整ノブを回転させた分だけ着弾点が動くことになる。

例えば「1/4 M・O・A」と記されたスコープで100m先にある標的を狙うとする。その場合、調整ノブを1クリック動かすごとに、3cmの4分の1だけ着弾点も移動することになる。もし200m先にある標的に対して着弾点を3cmほど修正したいと思った場合、修正したい方向の調整ノブを8クリック回せばよい計算になる。

銃の命中精度を表すのにM・O・Aが用いられることもある。あるライフルの性能が「1 M・O・A」とあった場合、100m先にある標的を狙って直径約3cmの円内に着弾が収まるという意味だ。こうした“集弾率”を示す数値を「グルーピング」ともいう（ただし使用弾薬や気象条件などが定かではないことが多いので、あくまでも目安の数字と考えるべきだ）。

スコープなどの照準器を装着するマウントレールにM・O・A表示があった場合、それはレールの傾き具合を示している（傾きがないと照準線と弾道が交わらないので、狙った場所に当たらない）。レールに「10 M・O・A」と表示されていた場合、100m先の着弾点は30cm程度上にずれることになる。

M・O・A

M・O・A＝Minutes Of Angle

360度を60分の1に分割した角度のこと。

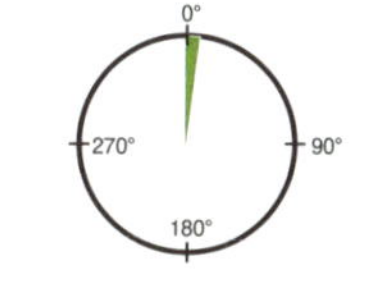

計算上「100m先の3cm（正確には2.9cm）の高さ」となる。

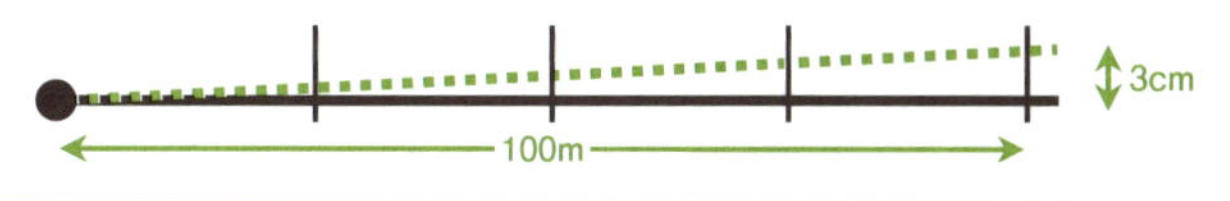

この「100m先の3cm」を一つの単位（1M・O・A）として、銃の狙いに関する様々な要素を示すことができる。

例えば……（標的が100m先にあると仮定）

照準器の調整単位

照準調整ノブをクリックするごとに、どれだけ着弾点が動くのかを示す数値。

1クリック 1/4 M・O・A⇒ノブを一つ動かすと0.75cm着弾点がずれる。

銃の命中精度

着弾点のバラつき（広がり具合）が、どれだけの範囲に収まるのかを示す数値。

1M・O・A⇒直径3cm程度の円内に着弾が収まる。

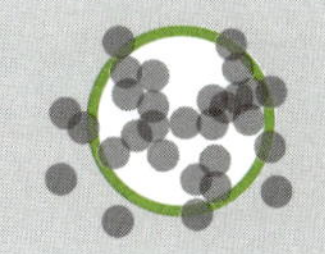

レールの傾き具合

マウントレールの角度が、どれだけの大きさで傾いているのかを示す数値。

10M・O・A⇒着弾点が30cmほど上にずれる。

ワンポイント雑学

アメリカでは距離の単位にメートルではなくヤードを用いるので、M・O・Aの数値も「100m先の3cm」ではなく「100ヤード（91.4m）先の1インチ（2.54cm）」と表記される。

No.014

スコープは絶対に必要か？

スナイパーライフルといえば望遠鏡型照準器——いわゆる「スコープ」がつきものである。遠くの標的を拡大して見ることができるので遠距離射撃にはうってつけの装備であるが、つけないと何か不都合が生じるのだろうか？

●監視や距離の計測にも使える

狙撃用のライフルに装備されているスコープは、見た目の通り“遠くのものが大きく見える”という「小型望遠鏡」としての機能を持っている。遠くの標的を狙撃することが仕事のスナイパーにとってみれば、スコープは必須の装備であるといえるだろう。

今日に至る狙撃の歴史の中で“スコープを使わないスナイパー”が珍しくなかったのは、第二次世界大戦時のわずかな間だけであった。この時期は精密機器であるスコープを大量に用意するのは難しかったという事情があり、また大軍で攻め込んでくる敵を少数で足止めしたり、敵軍を混乱させて進軍を遅らせるだけならばスコープを使わないアイアンサイトによる狙撃で十分に目的を達成できたからだ（フィンランドの伝説的スナイパー「シモ・ヘイヘ」のように、射撃姿勢が高くなる——発見されやすくなることを嫌ってスコープを装着しない者もいたという）。

やがて大戦が終結し、スナイパーの戦術的な運用方法が確立してくると、当然のごとく“スコープを乗せたほうが何かと便利”という考え方が主流となってくる。特に人質事件や立てこもり事件を解決するために投入される警察のスナイパーは、犯人が持っている銃だけを狙撃しろとか、人質を傷つけず犯人だけを無力化しろというような無茶な要求をされるため、スコープを使用した精密射撃が絶対条件となる。また狙撃の前段階として「標的を観察する」ことは軍隊でも警察でも大きな意味を持つので、より多くの情報を得られるスコープがあるのとないのとでは大違いなのだ。

スコープ内の目盛りに記された「ミルドット」は距離の計測や着弾点の修正にも使用できる。こうした処理をカンで行えるスナイパーも存在するが、確実性の高い方法があるなら迷わず取り入れるのがプロというものである。

スコープとアイアンサイト

スコープは遠くのものを拡大できる便利な道具。

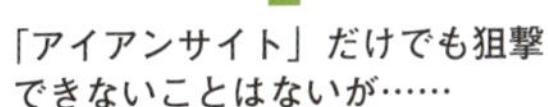

「アイアンサイト」だけでも狙撃
できないことはないが……

銃に最初からついている照準器。
標的に「当てる」だけなら十分だ
が長距離の精密射撃には不向き。
狙撃銃においてはスコープが壊れたりしたと
きのバックアップ用として機能する（アイア
ンサイトを装備していない狙撃銃もある）。

やはりスコープはあったほうがよい。

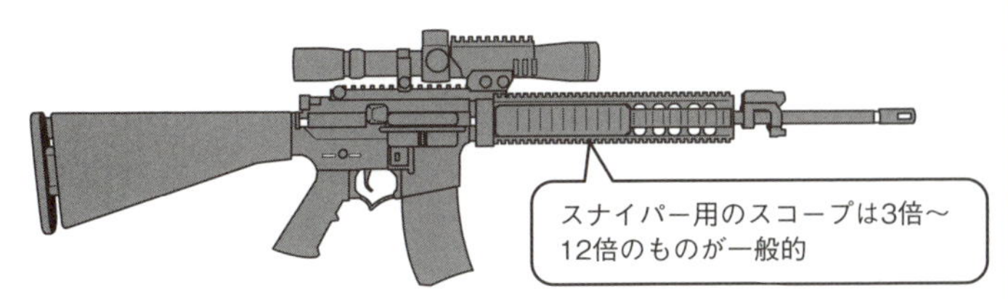

また、狙撃の前段階である「標的の監視・観察」などを行うにも、望遠鏡代わりに使えるスコープという道具は便利である。

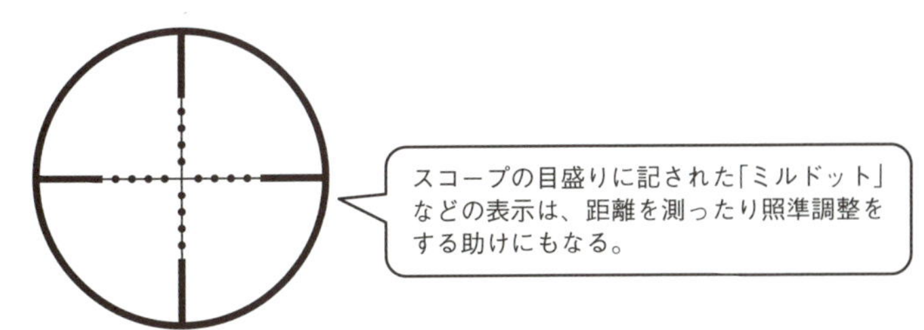

ワンポイント雑学

一部のアサルトライフルには「スコープ型の照準器」を標準装備したものがあるが、その多くは狙撃に使うことを前提としておらず、倍率も無倍や4倍程度といった低倍率のものである。

No.015

利き目はどちら？

（利き目：マスター・アイ）

片目をつぶると照準時の集中力が増す気がするが、辺りをつぶさに観察する必要のあるスナイパーは片目だと得られる情報が少なくなる。そこで両眼照準が基本となるのだが、そのために重要なのが「マスター・アイ」である。

●マスター・アイと両眼照準

スナイパーは両眼をあけたまま狙いをつける「両眼照準」を好む。これは周辺視野を確保するという意味が大きいが、もう一つシンプルかつ重大な理由が存在する。長時間片目をつぶったままでいると余計な筋肉を使うため、目の神経に負担がかかる——目が疲れてくるのだ。

「眼精疲労は肩こりの原因」という言葉の通り、目が疲れてくると余計なところに力がかかってきて自然な狙撃姿勢をとり続けることが難しくなってくる。疲労が溜まればさらに視力が低下するという悪循環を引き起こし、標的がぼやけて見えにくいといった直接的な影響を及ぼしてしまう。

両眼照準をするためには、自分のマスター・アイがどちらなのかを知っておく必要がある。マスター・アイとは「利き目」のことで、利き手と同じように人によって違う。

右利きの人が左手では細かい作業をやりにくいように、マスター・アイとそうでないほうの目ではモノを見る能力に差が出てくる。ライフルの引き金を引くのが右手の場合、マスター・アイも右目でなければうまく狙うことができない。銃を構えたときに照準器が顔の右側にくるのに、左目ではそれを覗き込むことができないからだ。

一般的には、利き手が右ならマスター・アイも右であることが多い。しかし中には「右利きだけどマスター・アイは左目」という人もいる。そうした場合、マスター・アイを右側に移す必要がある。

マスター・アイの矯正は、利き手を矯正するのに比べれば簡単だ。例えばゴーグルやメガネの左側だけを塞いで“両眼をあけた状態のまま、右側だけでモノを見るようにする”ことをある程度の時間続けることによって、マスター・アイを右に移すことができる。

マスター・アイ

スナイパーのスタンダードは「両眼照準」

理由
・周辺視野を確保するため。
・目を疲れさせないため。

両方とも「長時間周囲に気を配らなければならない」スナイパーにとって重要な要素。

両眼照準をするためには自分の「マスター・アイ」が右目なのか左目なのか知っておく必要がある。

マスター・アイとは ➡ いわゆる「利き目」のこと。
（ものを見る能力に差がある）

自分のマスター・アイが左右どちらかを知るには？

両眼をあけた状態で「指の輪」を作り、中に遠くの目標を収める。

※ このとき腕は伸ばしておくこと。

左右の目を順番につぶって目標のズレを見る。

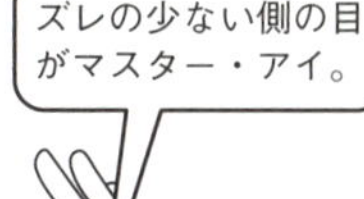

ズレの少ない側の目がマスター・アイ。

※ 人差し指を立てたり、輪を両手で作るやり方もある。

マスター・アイの矯正方法

眼鏡やシューティンググラスの片方をテープなどで塞いで目隠しにする。

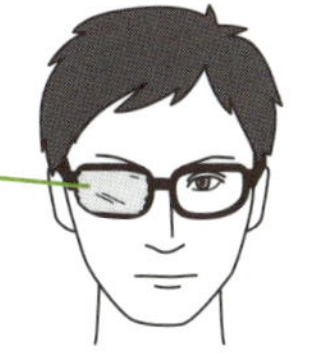

両眼を開けたまま片方の目だけを使うようにすれば、マスター･アイはそちら側に移動する。

ワンポイント雑学

コミックなどでは狙撃の際に片目をつぶる描写も多いが、慌ててはいけない。その人物が軍隊経験者ではない、周囲に敵が存在しない、片目をつぶっても疲れない特殊体質……などという理由も考えられるからだ。

No.016

眼鏡をしているとスナイパーになれない？

遠くの標的に狙いをつけて弾を命中させるスナイパーにとって「目が悪い」ということは大きな不安材料となる。眼鏡を着用しなければ見えないような視力では、スナイパーになるのはあきらめたほうがよいのだろうか？

●視力がよくても眼鏡はかける

眼鏡を着用した状態での射撃において懸念があるとすれば、標的が見えるかどうかという問題よりも、眼鏡というものの持つ物理的なスペースの問題である。スコープの接眼レンズ（目の側にあるレンズ）と目との適正な距離を「アイレリーフ」というが、これは5〜8cm程度が一般的である。眼鏡をつけていると、そのスペースに余裕がなくなってしまうのだ。

眼鏡をつけた状態で使用するスコープは、アイレリーフが15cm以上ある「ハイアイポイント」と呼ばれるものが望ましい。そうでないとライフルを構えたときや、射撃時の反動でブレたり動いたりしたときに眼鏡に当たってしまい、ケガをしたり目を痛めたりしてしまう可能性がある。

この問題は、視力に問題のないスナイパーにとっても無関係ではない。安全のためにシューティンググラスと呼ばれる射撃用メガネをつける場合もあるし、光源の位置によってはサングラスをつける場合もある。特殊部隊などは砂塵よけのゴーグルをした状態で狙撃を行うこともあるからだ。

眼鏡をつけた状態でも使用可能な、つまりアイレリーフがハイアイポイントのもので、眼鏡をつけた状態でゼロイン（零点規正とも呼ばれる照準調整のこと）が済んでいるスコープを装着しているのなら眼鏡をしていても問題はない。しかし眼鏡という余分なモノが顔にのっているだけで「ずり落ちたり汚れたりして視界が悪くなる」「割れて使えなくなる」などといったリスクが生じるので、そういう意味では眼鏡など使わないにこしたことはない。

しかしこうした懸念はスナイパーに限った話ではないし、事前に対応策を用意しておくなど、心がけ次第でどうにでもなる。コミックや映画などのキャラクターに「眼鏡のスナイパー」が登場したからといって、リアリティがないと切って捨ててしまうのはもったいないというものだろう。

スナイパーと眼鏡（アイウェア）

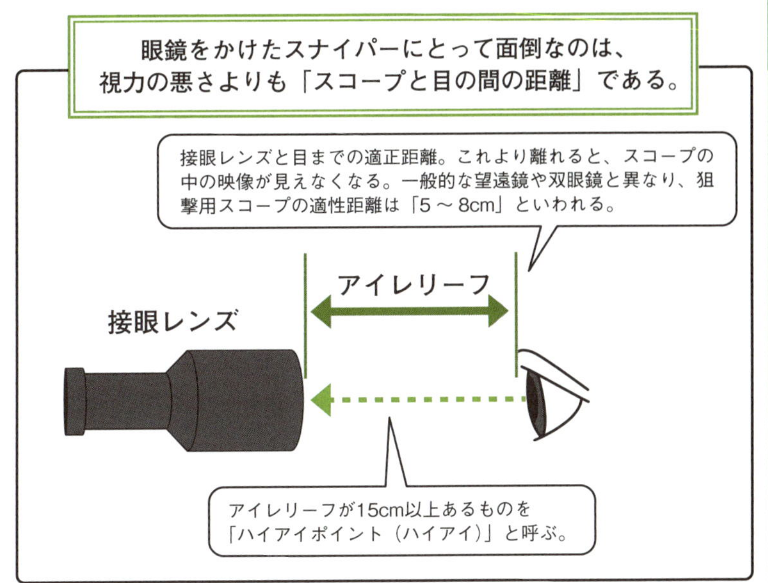

視力のよいスナイパーにとっても、
この問題は避けて通れない。

シューティンググラス
保護ゴーグル

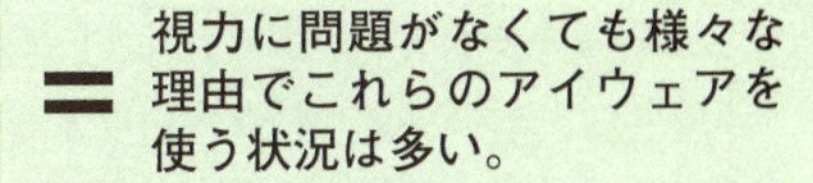

視力に問題がなくても様々な理由でこれらのアイウェアを使う状況は多い。

5～8cmもあれば「アイウェアにぶつかる」こともなさそうに思えるが、発砲の際に生じる反動は馬鹿にできない。

万が一の事故を防ぐ意味でも、アイウェアの使用時には「ハイアイポイント」のスコープを使用したい。

ワンポイント雑学

眼鏡をつけることで問題があるとすれば、見える・見えないということより“ずれたり外れたりする危険”が大きいことだ。そのため度のついた「ゴーグル」を使用したり、バンドを使って眼鏡を固定したりする。

No.017

狙撃の「射界」とは何か？

スナイパーの視線が届いて周囲の状況を確認できる範囲のことを「視界」というが、その中でさらにライフルを向けることができて、弾丸をそれに命中させられる範囲のことを「射界」という。

●射界が広ければ選択肢が増える

スナイパーにとって、狙撃の際には十分な射界を確保しておくべきなのは間違いない。しかし標的の行動が予測できる場合など、状況によってはあえて狭い射界でも問題ないとするケースもある。例えばわずかにあけた車の窓からライフルの銃身を出して射撃するような場合、視界は確保できているが「射界が狭い」状態ということができる。

標的やその周囲にいる敵から身を潜めて狙撃する必要のあるミリタリー・スナイパーの場合、視界の広さは監視や警戒に関わるので広くとっておく必要があるが、射界は最小限で構わないということが多い。狙撃兵は撃つタイミングを自分で決められるので、標的が射界に入ってくるまで延々と待ち続けるという選択ができるからだ。

射界外の敵に対応するため短機関銃や拳銃を持っておく必要はあるが、観測手（スポッター）や周囲の警戒を担当する仲間がいる場合は彼らがその対処を引き受けてくれるので、射界の確保はさらに優先度が下がる。

立てこもり犯に対処するために待機中のポリス・スナイパーの場合、1人ではなく複数人で配置についているのが基本なので、射界はそれぞれの分担している地域の範囲だけあれば十分といえる。しかしパレードなどの警備で広い大通りを重要人物が通るような場合には、ある程度広い射界を確保しておいたほうが不測の事態にも対応することができる。

戦車や装甲車の覗き窓から中の操縦士に銃弾を叩き込んでやりたい場合など、車体そのものは射界に入っているのだが窓の向きが悪くて撃てないときがある。こういったケースは「射角がとれない」「射角が悪い」と表現される。このような場合、標的が動いて射角がとれるようになるまで待つか、味方に陽動を頼んで標的の向きを変えてもらうなどの対処が必要になる。

射界と射角

弾を命中させられる範囲のことを「射界」という。

射界が広い場合

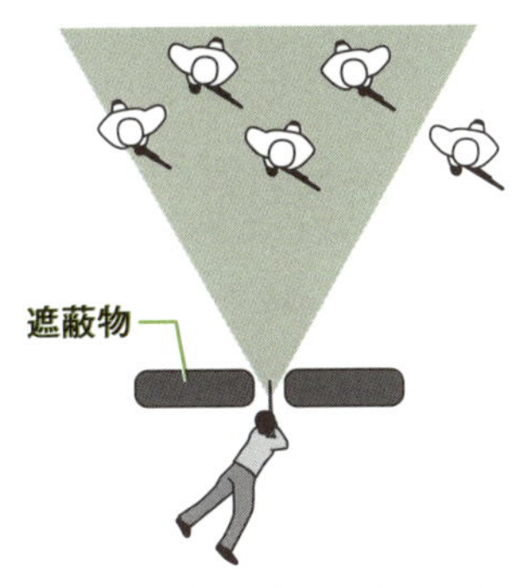

銃を左右に振って多くの標的を狙うことができる。

射界が狭い場合

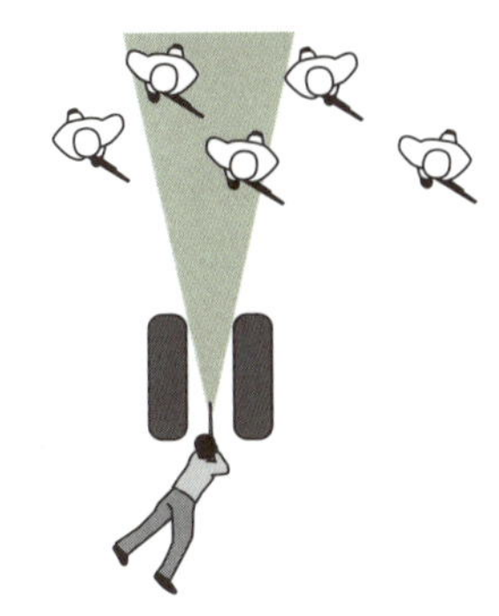

正面にきた標的しか狙えない。

射界は広いにこしたことはないが……

標的の行動が予測できるようなら、射界が狭くてもOKな場合がある。

チームで行動しているときは、仲間同士がフォローしあうことによって射界の狭さをカバーできる。

標的全体は射界に入っているが、本当に狙いたいもの——例えば操縦士が外を見る覗き穴（車体正面にある）や、エンジン排気管（車体の真後ろにある）が見えない。

弾を命中させるのに必要な角度のことを「射角」という

こういったケースは「射角が悪い」と表現される。

ワンポイント雑学

射界が狭いとリード（見越し）を取ることが難しいため、移動目標を狙撃することがわかっている場合は特に気をつける必要がある。

No.018

ライフルの銃身は長いほどよい？

スナイパーライフルの大きな特徴として「長い銃身」というものがある。銃身が長ければ弾が当たりやすくなるメリットがある反面、扱いやすさが犠牲になる。使用する弾薬とのバランスも考えて適正な長さの銃身を選びたい。

●性能と携帯性の両立

長銃身のメリットは命中精度が向上し、射程が伸びることだ。ライフルの銃身が長いのは「ライフリングによって生み出される弾丸の回転によって弾道を安定させる」ためであると同時に、銃身を抜けるまでの間に「火薬（発射薬）の生み出すパワーを十分に弾に伝える」という意味があるからだ。

弾に力がないと射程が短くなるばかりでなく、風の影響を受けやすくなったり標的にダメージを与えられなかったりするが、だからといって銃身が物干し竿のように長くても困ったことになる。弾が銃身を通過する際には摩擦による抵抗が発生するので、銃口を出る頃にはせっかくのパワーを使い果たしてしまうからだ。サイズの大きな12.7mm弾を使う対物狙撃銃のようなライフルならパワーにも余裕があるが、近〜中距離狙撃に用いる5.56mm口径のライフルの場合、あまり長い銃身はデメリットのほうが大きい。

また、長すぎる銃身はライフルの携帯性を損ねるという問題がある。移動の際に車両へ持ち込むのに苦労したり、室内を移動するときに邪魔になったりしてしまうのだ。銃身はデリケートなので、何かにぶつけたりしないよう余計な神経を使うことになる。市街地で活動するスナイパーにとってサイズの大きすぎる銃は悩みの種でしかない。

野外行動がメインのミリタリー・スナイパーであっても携帯性の問題は重要だ。木々の間や藪の中を密かに移動するには長い銃身は邪魔にしかならないし、狙撃位置を発見されないようカモフラージュを施すのも一苦労だ。さらに銃身にテープを巻いたり木の葉や枝をくくりつけたりすることで風の影響を受けやすくなり、それによって生じる揺れが照準にも影響する。わずか数ミリの差であったとしても、その“わずか”の差が遠距離狙撃の成否を左右することになるため、甘く見るのは禁物といえる。

長銃身のメリット・デメリット

長銃身こそスナイパーライフルの証！

長銃身のメリット

長い銃身を備えることによって、必要な命中精度と長射程を実現できる。

ただし「長すぎる銃身」は発射薬の生み出すパワーをロスする原因になるのでよろしくない。

こんなデメリットも……

長い銃身を備えることによって、ライフルの携帯性が損なわれる。

市街戦では

・銃身が長すぎて車両に乗れない。
・室内では壁や天井にぶつけてしまう。

野外でも

・木々の間や藪の中で身動きがとれない。
・目立つので偽装するにも一苦労。
・風が吹くと銃身が揺れる。

性能と携帯性のバランスを考慮するべき問題だが、特別な事情がない限り精度と射程を優先するのが一般的だ。

ワンポイント雑学

いかなる場合においても“銃身に負荷をかける”ようなことをしてはならない。ライフルは銃身がほかのものに触れないよう架台に置くかケースにしまうのが基本で、壁に立てかけるなどもってのほかである。

No.019

フローティングバレルの利点とは？

銃身は余計な力が加わらないようにしたほうが命中精度を向上させることができる。フローティングバレルは設計段階から採用されることが多いが、古いライフルでも、カスタマイズすることでこのタイプの銃身に換装できる。

●発射時の振動が命中率に影響する

フローティングバレルとは、ライフルの命中精度を向上させるために考え出された高性能銃身のことだ。一般的な銃身は機関部との接合部とストックの前部分「フォアエンド（モデルによっては「フォアアーム」ともいう）」に支えられているが、フローティングバレルは機関部との接合部のみで支えられ、フォアエンドの上に浮いている（フローティング）状態になっていることから、この名称が用いられるようになった。銃身とフォアエンドの間には紙1枚が通るくらいのわずかな隙間が作られており、射手が銃を構えた際にかかる微妙な力が銃身に影響を与えて照準が狂うのを防いでくれる。

フローティングバレルを持つライフルにとってフォアエンドは飾りかといったらそうではない。銃身に直接手を添えてライフルを構えるのが難しい以上、正しい射撃姿勢をとるにはフォアエンド部分は必要だ。

また安定性を高めるために二脚を装着したり、砂袋などの上に銃を置くことになった場合でも、しっかりした作りのフォアエンドがついていなければ困ることになる。

この方式に心配するべき点があるとすれば強度的な問題だ。この方式を採用していない普通のライフルであれば銃身は何点もの箇所でしっかりとくっついているが、フローティングバレルの場合は機関部との接合部1点のみでしか固定されていないからである。

しかし狙撃銃は銃の扱いに熟達した「スナイパー」が使用するプロフェッショナルの道具であり、歩兵用のアサルトライフルなどと違って乱暴な使い方をする前提では設計されていない。銃身をぶつけたり壁に立てかけたりといった状況はまともな射手ならありえないので、強度的な心配をする必要はあまりないというのが主流派の考えである。

バレルを「浮かせる」

普通の銃身では……

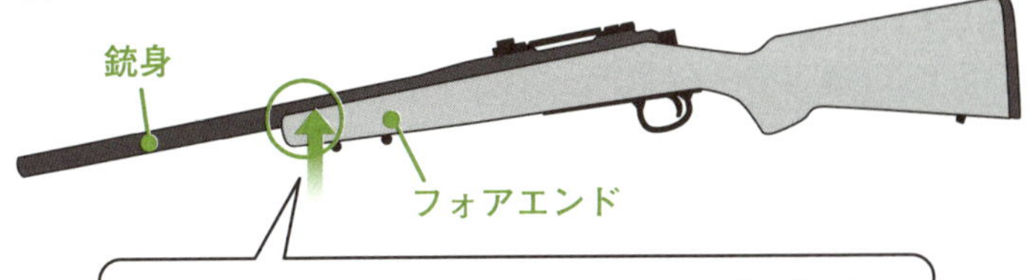

フォアエンドにかかる力が銃身に伝わり照準に誤差を生じさせたり、発射時の振動がフォアエンドを介して銃身を動かす。

フローティングバレルはこの現象をおさえることができる。

カスタマイズによってもフローティング化が可能。

フォアエンドの内側を削って銃身を浮かせる。

設計時からこうした効果を見越した銃もある。

『PMGヘカート』

固定されている部分が少ないことによる強度的な不安が残るが、狙撃銃はあまり乱暴な扱いをする前提ではないので問題ない。

ワンポイント雑学

“銃身のたわみ”が命中率に及ぼす影響については様々な議論がある。一般論として「影響はあるが問題ない」とされているが、高精度の銃の中には銃身を数ヶ所で支えるタイプのフローティングバレルも存在する。

No.020

銃身はどうやってクリーニングする?

銃というものは性能を維持するために「射撃後のクリーニング」が必須であり、それはスナイパーライフルにおいても例外ではない。さらに精密な射撃を成功させるためには、普通の銃よりもデリケートな手入れが求められる。

●銃身はとてもデリケート

高温の火薬ガスや弾との摩擦など、銃身の内部は特にストレスのかかる部分である。クリーニングをする際に注意しなければならないのは、こびりついた銅である。現代銃の発射薬として用いられている無煙火薬はあまり火薬カスを出さないので問題ないが、弾の表面を覆う銅は銃を撃っているうちに少しずつ銃身内部に付着し、メッキのようにへばりついてしまう。

銅を除去するのに使うが「ソルベント」だ。ソルベントとは「薄め液・希釈剤」といった意味があり、特定の薬品の名称ではなく様々な商品が販売されている。これを柔らかい布にしみこませ、長い棒を使って銃身の中に通す。にじみ出たソルベントが銅を溶かすので、それを布によってこそぎ落とすのだ。ソルベントの種類によっては毒性を持つものがあるので、使用の際には注意しなければならない。

布を押し出す棒は「クリーニングロッド」と呼ばれる。銃身内部が傷つかないように樹脂でコーティングされているものが理想だ。銃身の内部はライフリングを刻む関係上けっこう軟らかくなっているので、金属製のロッドでは傷がついてしまうからである。

軍用銃などでは携帯性を高めるために連結式のロッドが一般的だが、スナイパーライフルに使うクリーニングロッドは1本の長い棒になっているものが多い。連結式のロットは継ぎ足した部分から曲がってしまうことがあり、やはり銃身の内部を傷つける可能性があるためだ。

布は銃身内を往復させるのではなく、必ず一方通行に通す。これは布についた汚れを再び銃口内に戻さないようにするためである。銃口付近はデリケートなのでクリーニングロッドで傷つけてしまうと命中精度に影響が出るため、パッチは薬室の側から銃口に向けて押し出すようにするのがよい。

銃身のクリーニング

狙撃銃の銃身をクリーニングする際には、通常の銃よりも神経を使って行う必要がある。

基本は「ソルベント」を浸した布（パッチ）で銃身内にこびりついた銅を除去するのだが……。

長い棒の先端にフェルトのパッチを取り付ける。

・金属製のロッドは使用しない。

⇒ 銃身内部を傷つける可能性があるため。

・連結式のロッドは使用しない。

⇒ 連結部分が曲がって、やはり銃身の内側を傷つける可能性があるため。

「クリーニングのやり方」にもコツがある。

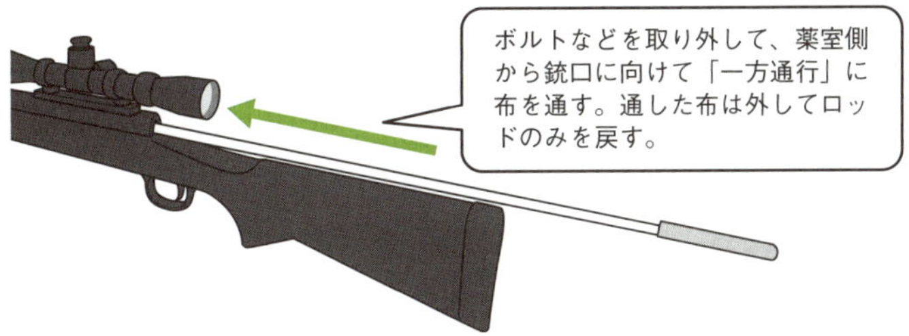

ボルトなどを取り外して、薬室側から銃口に向けて「一方通行」に布を通す。通した布は外してロッドのみを戻す。

⇒ デリケートな銃口付近を傷つけないため。

ワンポイント雑学

銃身の材質はライフリングを刻む関係上、あまり硬い金属は使用できない。銃口のエッジ部分は傷がつきにくいよう面取りがされており、その部分は「クラウン」と呼ばれる。

No.021

狙撃にはどんな弾を使う？

銃の性能は“どんな弾薬を使用するか”によって大きく影響を受ける。「銃の優劣は弾で決まる」という考え方さえ存在するように、狙撃に用いるための銃ならば、それにふさわしい弾薬というものがある。

●質・口径・種類

狙撃に用いる弾薬を選ぶ際に、見過ごすことのできない要素が3つある。すなわち「弾薬の質」「弾薬の口径」「弾薬の種類」である。

弾薬の質は“初弾が全て”とも言われる狙撃の中で、確実性を担保するための重要な要素である。どんなに慎重に狙いをつけたとしても、弾が思い通りに飛んでいってくれなければ意味がないからだ。

製造元のはっきりした弾薬を使うのはもちろん、製造ロットごとにまとめて管理し、試射の際に1発でも不発が出たらそのロットは全て破棄するくらいは当然である。火薬（発射薬）の量や種類も弾道に影響するので、おろそかにはできない。

弾薬の口径は、射程や威力に関わってくる。一般的に「7.62mm」クラスのものが狙撃には適しているとされるが、警察の狙撃手のように比較的近距離での射撃（100～200m程度）なら、反動の少ない「5.56mm」口径のほうが使いやすいという考え方もある。

さらに1kmを超える超遠距離の狙撃や、壁の向こうや乗り物の中にいる標的を遮蔽物ごと撃ち抜くのには「12.7mm」といった大口径弾が使用される。狙撃用として用いられる口径は、この3種類が一般的だ。

弾薬の種類は、射手が“何を狙ってどうしたいのか”によって変化する。遮蔽物の向こう側に隠れている標的や、無線装置などの機械を狙うならば貫通力の高い「徹甲弾」を使用するし、車両や航空機の燃料タンクを狙うなら「焼夷弾」を撃ち込んでやればあっという間に爆発炎上だ。

フィクションの世界で活躍するスナイパーは話の都合上「弾頭内に爆発物や薬物などを仕込んだ特殊弾」で狙撃を行うケースも多い。こうした弾は弾道の特性も特殊なので、彼らの超人的な技量を推し量ることができる。

狙撃に使うタマ

狙撃に用いる弾薬を選ぶ際には
以下の3つの要素が重要になる。

弾薬の質 確実性を確保するために必要。

・出所の不明な弾薬は使わない。
・確率論を用いて不発弾を排除する。
・発射薬の種類や量を管理する。

弾薬の口径 射程や威力に関わってくる。

・スタンダードは「7.62mm」クラス。
・中～近距離なら「5.56mm」クラスでも問題ない。
・超遠距離では「12.7mm」クラスの口径が理想。

弾薬の種類 標的によって使い分ける。

・遮蔽物の向こうにいる標的を撃つなら「徹甲弾」。
・機械装置などを破壊したいときにも「徹甲弾」がよい。
・可燃物や爆発物に対しては「焼夷弾」を使う。

弾にはこんな種類がある

徹甲弾	＝硬い弾芯を持つ貫通力の高い弾。
焼夷弾	＝内部の着火剤で着弾したものを燃やす弾。
曳光弾	＝光を発して弾道を確認できる弾。(焼夷弾共々、射手の位置がバレる危険がある)。
徹甲榴弾	＝炸薬を内蔵した徹甲弾で、命中すると爆発する。弾体の大きい対物狙撃銃(12.7mm口径)用の弾薬。

ワンポイント雑学

狙撃訓練と実戦では、可能な限り「同じ製造ロット」の弾薬を使用するべきである。

No.022

スナイパーは自分で弾を作る？

時間をかけて万全の整備を施したスナイパーライフルを携え、磨き抜かれた技量で完璧な照準をつけたとしても、弾薬に不良があったのでは全てが水の泡だ。信頼できる弾薬を手に入れるにはどうすればよいのだろうか。

●ハンドメイドの弾薬

今日における射撃用の弾薬は非常に作りがしっかりしているので、ある程度名前の知られたメーカーのものであれば、弾道は均一に近い水準になっている。しかしスナイパーの心情としては、「均一に近い」で満足するわけにはいかない。何十発、何百発撃っても全ての弾が同じ弾道を描くものであってこそ、狙撃にとって理想といえるのだ。

弾薬を構成する要素は複雑だ。弾頭の種類、重量、発射薬の種類と量、薬莢の形状、雷管の種類など、これらが一つでも変化すると弾道も影響を受ける。メーカーの出す仕様書を見ればこれらの要素を確認できるが、しょせんは他人の仕事である。弾薬も工業製品である以上、不良品が紛れ込んでいるといった“事故”がないとは言い切れない。

こういった不安要素を排除する唯一の方法は、自分の手で弾薬を作ってしまうことである。スナイパーは一般的な歩兵と違って1回の任務で何百発も弾を使わないので、自作の弾だけで十分に間に合わせることができる。

弾薬を構成する部品――弾頭や薬莢、火薬（発射薬）などはそれぞれ個別に売っているので、好みの種類とグレードのものを手に入れることができる。任務の性質や自分のクセを考慮してこれらを組み合わせれば、自分専用の狙撃弾ができあがるというわけだ。

もちろん弾道というものは弾の良し悪しだけで決まるわけではない。ライフルとの相性や狙撃環境など、様々なものから影響を受ける。高品質の弾さえ作ればあとはOKというような甘いものではなく、試射を重ねることによって、より理想の弾道に近付けていく必要がある。スナイパーは試射の際のデータは全て記録し、少しでも疑問があったら全てを作りなおすなど、妥協せずに試行錯誤していくことが求められるのだ。

弾薬を自作する

弾薬に不具合があると、最後の最後で狙撃は失敗する。

メーカー製の弾は高水準で品質が均一化されているが、不良の確率はゼロではない。所詮は他人の仕事である。

自分で弾を自作するのが一番確実。

必要な部品を組み合わせて自分好みの（または任務に応じた性質の）弾を作る。

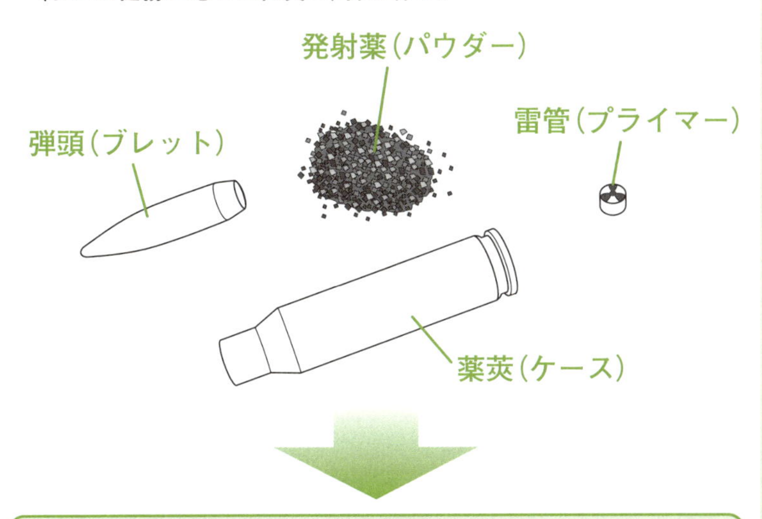

好みの弾薬を自作したところで満足してはいけない。ライフルとのマッチングや弾道の検証など、試射を重ねて完成度を高めていく必要がある。

ワンポイント雑学

弾頭はコアとなる鉛を銅の被膜で包んで作られるが、現在ではニッケルと銅の合金を機械で削り出した「削り出し弾頭」も開発されている（削り出しなので空気抵抗を考慮した複雑な形状も作れる）。

No.023

同じ口径の弾でも狙撃に向かないものがある?

ライフルから発射される弾は7.62mmや5.56mmといった「口径」で区別されるのが一般的だが、同一口径の弾といっても全て同じ性能を持っているわけではない。種類によっては狙撃に向くものと、向かないものがあるのだ。

●数字だけを見ててもいけない

スナイパーライフル用の弾として一般的なのが「7.62mm」口径の弾薬である。7.62mm弾よりも口径の小さな「5.56mm弾」も狙撃用として使われるが、これはおおむね200m以内の距離においてのことであり、それより遠い標的に対しては7.62mm口径以上の弾が使われるのが一般的だ。

しかし7.62mm弾といっても、全てが狙撃にふさわしい特性を持っているというわけではない。例えば「短小弾」や「弱装弾」といった仕様で製造された弾は、薬莢の長さが短かったり発射薬の量が少なかったりするのでフルサイズの7.62mm弾に比べてパワーが弱く、長距離を十分な威力を保ったまま飛んでいくことができないのだ。

似たような例に『M16』のバリエーションから発射される、50口径の「ベオウルフ」という弾薬がある。50口径の弾薬といえば重機関銃『ブローニングM2』用に開発され『バレット』や『マクミラン』などといった対物狙撃銃の弾薬としても使用されている「50BMG」が有名だが、ベオウルフは同じ50口径でも弾頭の形状や発射薬の種類などが50BMGとは根本的に違うもので、遠距離の狙撃には用いられない。ベオウルフ自体は50口径の持つ絶大な“破壊力”に着目した弾薬であり、遮蔽物越しに標的を倒したり対物目標にダメージを与えるために生み出されたものなのだ。

スナイパーが自分で作ったものではない、メーカーの工場から出荷された状態の弾薬——ファクトリーロードの弾を使用する場合、口径の表記にとらわれず「弾薬の名称」を正確にチェックした上で特性を十分に把握しておく必要がある。弱装弾のような特殊な仕様でなくても、弾頭の重量や発射薬の種類が違うだけで全く異なる弾道特性になるからだ。主要で有名な弾薬には諸元表があり性能が一目瞭然にわかるようになっているので活用したい。

同じ口径でも異なる特性

7.62mm弾は「狙撃向け」といわれるが……。

7.62mm口径の弾薬が全て
「狙撃にふさわしい」わけではない。

同じ7.62mm口径の弾でも……

短小弾
弱装弾

普通の7.62mm弾に比べて非力なので
長距離の狙撃用弾薬としては不安が残る。

「50ベオウルフ弾」のような例もある。

右2つの弾は同じ
「50口径（12.7mm）」だが……

サイズも特性も
全く異なる。

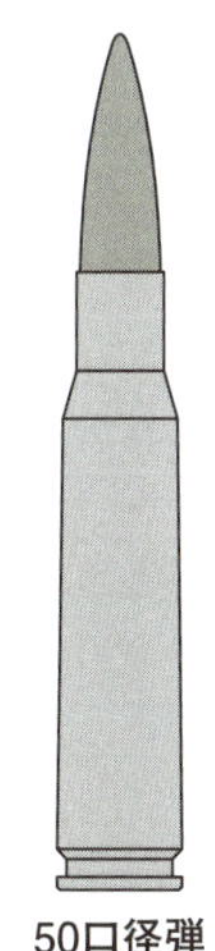

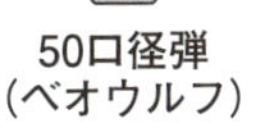

5.56mm口径弾
（M16など）

50口径弾
（ベオウルフ）

50口径弾
（50BMG）

口径のみにとらわれず、その特性を詳細にチェックした上で
目的に沿った弾薬を使用するよう気をつけたい。

ワンポイント雑学

アレクザンダー・アームズ社の開発したM16タイプのライフル『ベオウルフ』は長距離狙撃向きではないが、車両爆弾をヘリコプターの上から破壊処理するといった対物狙撃銃的な使われ方をしている。

No.024

弾丸の「初速」は命中率に影響するか？

スナイパーが遠距離狙撃を行う際は、高速弾を用いるのが定石である。弾の速度（弾速）を判断するための数値として「初速」というものがあるが、その値は命中率にどう関係してくるのだろうか？

●高初速＝フラットな弾道

ライフルから発射された弾丸は地球の重力に引かれて、1秒間につき一定の高さ（9.8m）を落下していく。この数値は弾の重さが何グラムだろうと変化しないので、弾が早く標的に到達すれば、その分だけ落下する距離も少なくて済むことになる。

照準の際、あらかじめ弾の落ちる分を計算に入れて上のほうを狙えば済むのだが、弾が遅ければ（すなわち飛んでいる時間が長ければ）、それだけ横風などの影響を受けることになるし、着弾する前に標的が動いてしまったなどといった事故が発生する可能性も高くなる。狙撃の際には高速弾を使うべきといわれるのは、こういった理由からだ。

弾の速度は「初速」という形で表される。この値が大きい弾ほど高速弾ということになるのだが、注意しなければならないのは、この値が「銃口を出た直後の数値」だということである。特に軽い弾丸は空気の影響を大きく受けるので、銃口を出た直後はスピードが速くても、空気抵抗による速度の低下——すなわち息切れを起こしてしまう。

その点、重い弾丸はパワフルだ。一見初速が遅いようでも空気を切り裂いてパワーダウンせず飛んでいくので、結果として軽い弾丸を使ったときよりも遠距離の標的に到達する時間が短くなる。つまり、狙撃の中でも遠距離を狙う場合は、高速で重量のある弾丸を使うのが正解ということになる。

警察組織などが行う狙撃のように比較的近距離（100～200m以内）であれば、弾が息切れ（速度低下）を起こす前に標的に着弾するので、5.56mm弾のような軽量弾を使用しても問題は起こりにくい。むしろ初速の高さがフラットな弾道＝狙いやすさとなって生きてくるので、ポリス・スナイパーなどはこの種の弾丸を好んで使用する。

高初速の弾丸は狙撃向き

初速の値が大きいほど当たりやすい。

初速 ＝銃口を出た直後の弾の速度。

高速弾は重力に引かれて落ちる前に標的に届くため。

さらに

「重い弾」のほうが
長距離狙撃に有利。

風を切って進むので空気抵抗による
パワーダウンを起こしにくい。

高速・重量弾は狙撃の定番。

M16などに使われる軽量弾
（5.56mm口径）

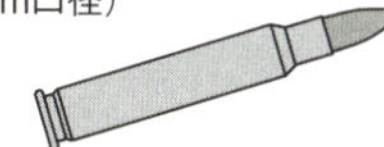

「軽い弾」でも近距離ならば
空気抵抗の影響が大きくな
る前に標的に命中する。

弾丸の初速と弾頭重量

弾丸	初速	弾頭重量
50BMG（12.7mm×99）	880m/s	約50g
308NATO（7.62mm×51）	830m/s	約9g
223レミントン（5.56mm×45）	940m/s	約4g
参考：拳銃弾		
9mmパラベラム（9mm×19）	350m/s	約8g
45ACP（11.43mm×23）	270m/s	約15g

※数値は概算値で使用銃や環境によって誤差が生じる。

ワンポイント雑学

高速弾は標的に早く到達するので、移動目標に対する狙撃の際もリード（見越し）の量を計算しやすい。

スナイパーと様々な「記録」

スナイパーが技術的にもメンタル的にも“一線を越えた”存在である以上、その活動が常人離れした記録として残されるのは当然といえる。そうした中でも特に印象に残るのは「しとめた人数」に関わるものであろう。二度の世界大戦は規模も大きく、狙撃から身を守る方法も一般の兵士に知られていなかったので、数字が非常に派手である。第一次世界大戦ではカナダ軍に志願した北米の先住民族「フランシス・ペガーマガボゥ」が378人、オーストラリア軍に所属し“ガリポリの暗殺者”の異名を持つ「ウィリアム・エドワード・シン」が公式記録150人（非公式には250人前後）という数字を残している。第二次世界大戦になるとフィンランドの「シモ・ヘイヘ」が確定で505人、未確認戦果も含めると800人以上の実績を残した。冬戦争で狙撃に苦しめられたソ連は「ヴァシリ・ザイツェフ」や「リュドミラ・パヴリチェンコ」に代表される有能なスナイパーを数多く輩出する。ザイツェフはスターリングラードの攻防戦で225人のドイツ兵を狙撃し、現地に作った臨時の狙撃学校で28人のスナイパーを養成した。最終的な狙撃記録は400人といわれる。女性狙撃手で映画『ロシアン・スナイパー』のモデルとなったパヴリチェンコの確定戦果は309人、負傷して後方に送られてからは女子狙撃教育隊の教官を務め多くの女性スナイパーを育てている。ソ連と戦ったドイツでは第三山岳師団「マティアス・ヘッツェナウアー」の345人、機関銃手から転向し偽装術に長けた「ヨーゼフ・アラーベルガー」の257人がトップ2だ。ただしソ連の記録は宣伝（プロパガンダ）のため誇張された可能性があり、ドイツのものは敗戦時の混乱で処分された記録もあるので、現在の基準で見ると不確実な部分も存在する。

冷戦時代に突入する頃には「困難な状況での狙撃」や「超・遠距離での狙撃」が注目されるようになる。これは殺した人数を誇るより“困難を克服する精神や技術”をアピールしたほうがウケがよくなるという国際世論の変化も無関係ではないだろう。ベトナム戦争ではアメリカ海軍の「アデルバート・ウォルドロン」が確定戦果109人を記録する中、移動中のボートから約900m離れた樹上の敵スナイパーをしとめて勲章をもらっている。海兵隊の「カルロス・ハスコック」は確定93人、非公式には300人以上を狙撃したとされているが、彼を伝説の狙撃手たらしめているのは『ブローニングM2』による2,286mの遠距離狙撃であろう。これは20世紀における最長記録であり、カナダ軍の「ロバート・ファーロング」が2002年に2,430mを記録するまでその座に君臨した。近年における中東方面の戦いでは砂漠や岩山などの多い土地柄のせいか交戦距離が遠く、2009年にイギリス軍の「クレイグ・ハリソン」が2,475mを、2012年には「オーストラリア特殊部隊の2名の隊員（氏名は未公表。同時に発砲したためどちらの弾が命中したのかは不明）」が2,815mの狙撃に成功するなど、記録の更新が進んでいる。

第2章
スナイパーの装備

No.025

スナイパーライフルとはどんな銃か？

スナイパーの使う銃は「スナイパーライフル」と相場が決まっている。日本語では「狙撃銃」と訳されるこの銃は、長い木製のストック（銃床）に長い銃身を持ち、スコープがついているというのが共通化されたイメージだ。

●長くて命中率の高い銃

スナイパーライフル——狙撃銃というからには、狙撃に特化した機能を持っている銃ということになる。遠くの標的を正確に狙うことができ、発射された銃弾には人間を死傷させたり機械や設備を破壊するだけの威力がある。

弾のサイズは小さすぎると遠くまで飛ばないし、威力も期待できなくなってしまう。小口径弾は発射のための火薬（発射薬）の量が少ないからだ。そのため口径は7.62mmより大きなものが一般的である(5.56mm口径の『M16』なども狙撃銃として用いられるが、近〜中距離の狙撃に限定される)。

銃身は弾丸に十分な加速を与えるために、それなりの長さのものが使われる。この加速は弾丸が十分な威力を発揮するのに必要で、弾道の安定にも一役買っている。弾のサイズが大きくなると銃身もそれに合わせて長く、太いものが必要になるため、原則として銃身長が1mより短くなることはない。

装弾数は5発前後が一般的だが、交換式の弾倉を使うモデルなどは10発程度の装弾数を持つものもある。弾倉を持たないライフルは旧式銃に多いが、弾薬を「クリップ」という器具を用いてひとまとめにしておき、薬室の上から押し込むなどの方法で補充する。50口径の対物狙撃銃の場合、次弾装填機構を持たないシングルショット（単発）方式のものも珍しくない。こうしたモデルは射撃後に空薬莢を排出したあと、次弾を直接手で薬室に挿入する。

ストックは銃を安定させるための重要部位である。射手のクセや射撃姿勢の微妙な違いに対応できるよう、長さや高さが微調整できるようになっているものが人気である。

より正確な照準を行うための「スコープ」や、安定性をアップさせる「二脚」はあると嬉しいオプションだが、光学機器が未発達かつ貴重だった第二次世界大戦の頃はスコープを持たない狙撃手も珍しくなかった。

スナイパーライフルとは?

スナイパーライフルとは……
狙撃に特化した機能を持つライフルである。

遠くの標的を正確に狙うことができる。

弾が当たれば確実に死傷させることができる。

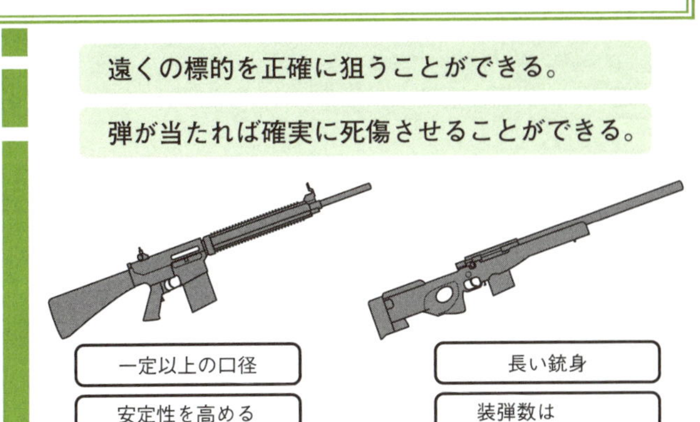

一定以上の口径

安定性を高めるストック

長い銃身

装弾数はあまり多くない

あると性能の底上げにつながるオプション。

これらの品々がついていると、より狙撃銃っぽく見える。

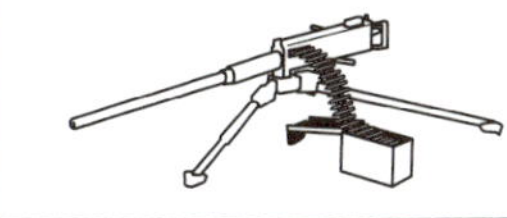

ライフル以外、例えば機関銃や拳銃でも「狙撃」が行われることはあるが、こうした銃が「スナイパーマシンガン」などと呼ばれることはない。

ワンポイント雑学

第二次世界大戦の頃までは普通の銃の中から精度のよいものを選んで狙撃銃にしていたが、冷戦期以降は最初から狙撃銃として設計・開発されるものが多くなった。

No.026

ボルトアクションが狙撃向けとされる理由は？

ボルトアクションとはライフルの弾薬装填方式のことだ。「ボルト」と呼ばれる筒のような部品を手で前後に動かすことによって弾薬の装填と空薬莢の排出を行うため、機関銃のように連射することはできない。

●バツグンの信頼性

弾をボルトアクション方式で装填するライフルを「ボルトアクションライフル」という。ボルトアクションライフルは昔からスナイパーに好まれ愛用されてきたが、それにはいくつかの理由がある。

ボルトアクションライフルはオートマチック・ライフルと比較して構造が単純で、部品点数が少ない。同じ口径の銃ならオートマチック・ライフルよりも銃そのものの重量を軽くできるのだ。

部品点数が少ないということは故障のしにくさにも通じ、精度の高い部品を作ったり選んだりするのも楽になる。狙撃銃としての射程と威力を持たせるには口径をそれなりに大きくする必要があるので、構造が単純ということはそれだけハイパワーな弾薬の発射に耐えることができるようになる。

またオートマチック・ライフルは排莢と次弾装填を自動で行うため、引き金を引いた瞬間にパーツの作動によって銃がブレたり、構えたときのバランスがわずかに変化してしまうという特性がある。しかしボルトアクションライフルの場合、弾が発射されたあとで動くパーツがないので銃のバランスは変わらない。次弾を撃つにはボルトを操作しなければならないというタイムラグが発生するものの、最初の1発で勝負がついてしまうような状況の狙撃であれば問題にはならない。

さらに作動のためのエネルギーとして発射時のガスや反動を利用するオートマチック・ライフルは、火薬の量や種類と弾丸重量がうまくマッチしないと作動不良を起こしてしまう。スナイパーは標的に合わせて弾薬を自作することが多い。オートマチック・ライフルによる狙撃では「作動不良を起こさないような火薬の配合」といった要素が一つ増えるわけで、こうした不安要素を排除する意味でもボルトアクションライフルを愛用する射手は多い。

狙撃はボルトアクションに限る

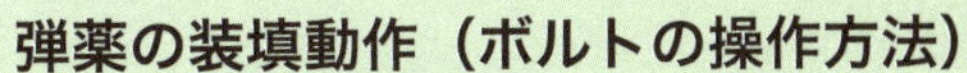

スナイパーに好まれ愛用されてきたボルトアクションライフル

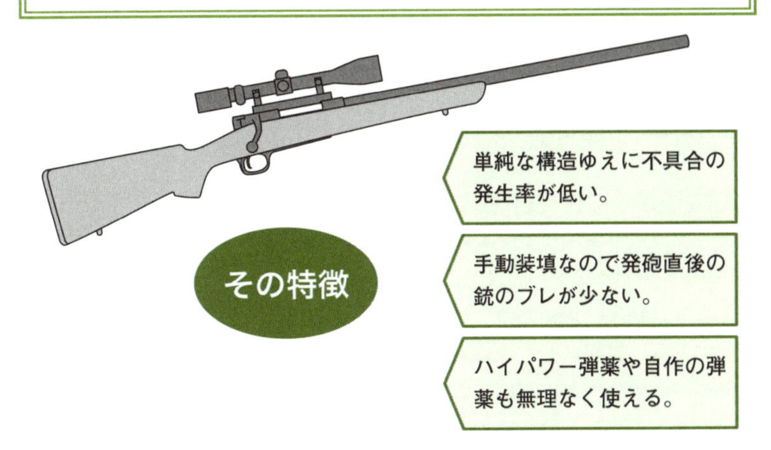

その特徴
単純な構造ゆえに不具合の発生率が低い。
手動装填なので発砲直後の銃のブレが少ない。
ハイパワー弾薬や自作の弾薬も無理なく使える。

弾薬の装填動作（ボルトの操作方法）

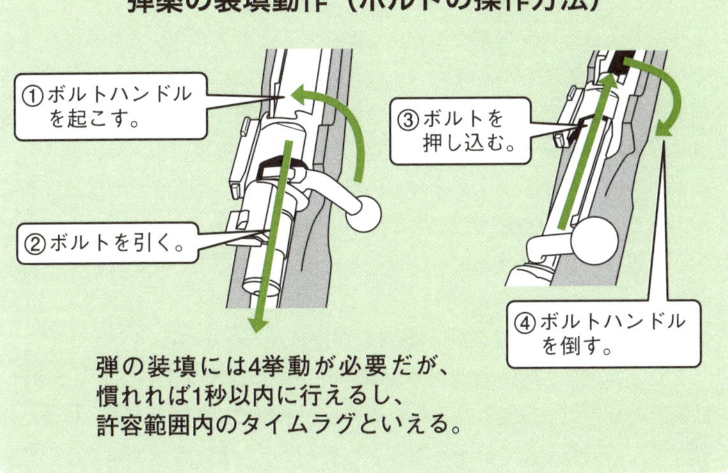

①ボルトハンドルを起こす。
②ボルトを引く。
③ボルトを押し込む。
④ボルトハンドルを倒す。
弾の装填には4挙動が必要だが、
慣れれば1秒以内に行えるし、
許容範囲内のタイムラグといえる。

ワンポイント雑学

ボルトハンドルの起きる角度は90度のものが一般的だが、スコープに当たってしまうためハンドルを「くの字」に曲げて調整しているものもある。また60度や55度しか動かないようになっているものも存在する。

No.027

連発式（オートマチック）ライフルを狙撃に使う利点は？

連発式（オートマチック）ライフルとは射手の手による次弾装填作業を必要とせず、引き金を引くだけで次々と弾を発射できるライフルのことである。第二次世界大戦後に急速に一般化し、狙撃銃としても使われるようになる。

●間を置かずに2発目を撃てる

オートマチック・ライフルの先駆けは第二次世界大戦の頃には登場しており、戦後各国でライフルの自動化が進んだ。しかしこの頃のオートマチック・ライフルは精度や信頼性の面でボルトアクションライフルに大きく水をあけられており、狙撃銃としては限定的に使用されているにすぎなかった。

その理由の一つが、オートマチック・ライフルが軍用歩兵銃として発達してきたことがある。数を揃えることこそが重要である軍用銃において、銃身や照準器、各部の部品の精度はあまり重要視されない。狙撃銃として使うためにわざわざ部品を交換したり特注品を用意するくらいなら、狩猟用としていくらでも高スペックの銃やパーツが存在するボルトアクションライフルを使ったほうが面倒がない。また“軍に入隊する前はハンターでした”という兵隊も多かったため、彼らが猟銃として日々使い慣れているボルトアクションライフルを持たせたほうが成果を期待できるという理由もあった。

しかしオートマチック・ライフルの狙撃銃にも、一つ大きなアドバンテージがあった。オートマチックゆえに銃が自動で次弾を装填してくれるので、射手が射撃後に姿勢を大きく崩さず、かつ素早く2発目3発目の狙撃を行えるという点である。

この利点が生きてくるのが、狙撃対象が複数だったり、狙いを外してしまったりしたときだ。1972年にドイツで起きた「ミュンヘンオリンピック事件」では犯人（テロリスト）の数が狙撃隊より多く射手の練度も十分でなかったため、狙撃に失敗して多くの犠牲を出す結果となってしまった。あまり距離の遠くない標的を狙い、かつ失敗が許されない（万が一失敗した場合でも迅速なフォローが要求される）警察の狙撃手は、こうした悲劇を教訓とすることでオートマチック方式の狙撃銃を好むようになったのである。

オートマチック・ライフル

当初は狙撃銃として敬遠されてきた
オートマチック・ライフルだが……

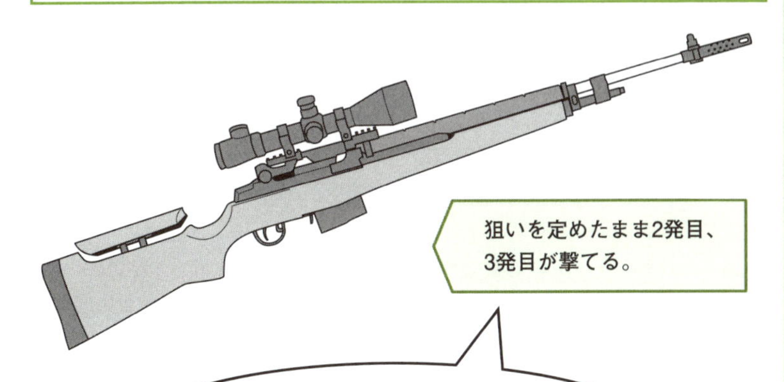

狙いを定めたまま2発目、
3発目が撃てる。

特に「臨機応変かつスピーディな対応」が要求されるポリス・スナイパーにとって、とても嬉しい。

ほかにも……

- ターゲットが複数のとき。
- 初弾を外してしまったとき。

こうしたケースにおいて、連発できるという機能は大きなアドバンテージとなる。

現在はオートマチック・ライフルの高性能化が進み、もはや「狙撃銃＝ボルトアクションライフル」は過去のものと断じるスナイパーもいるほどである。

ワンポイント雑学

装弾数の多いモデルになると、初弾と最終弾では弾倉内のスプリングのテンションが異なるためボルトにかかる負荷が一定にならず、着弾点が変化してしまうという問題がある。

No.028

一番よく当たるスナイパーライフルは？

困難な狙撃を成功させようと思ったとき、それを達成できる能力（＝高い命中率）を備えた銃を用意したいと考えるのは当然である。よく当たるライフルとは、どんな条件で選ぶべきなのだろうか？

●銃の性能だけでは判断できない

兵器の性能は日進月歩の勢いで進化を続けている。第二次世界大戦中の日本の名機『零戦』やドイツの『ティーガー』戦車であれど、現代のコンピュータ制御されたジェット戦闘機やIT戦車にはとても太刀打ちできない。

しかし銃、特に狙撃用ライフルに関しては話が違ってくる。軍隊の戦術転換に適した仕様変更や、民間の銃器市場の動向に合わせたモデルチェンジのような変化はあっても、設計そのもの――弾を飛ばす理屈や作動原理などは100年前とほとんど変わりないのだ。

使用する弾丸も基本的に「自分で作ることができる」ものなので軍隊が1回の戦闘で消費する何万発の弾を確保しろというならともかく、狙撃に用いるだけなら十分な量を準備できる。

フィクションの世界では定番といえる「新旧世代のスナイパー対決」において、年配のスナイパーが骨董品ともいえる銃を持ち出してきて最新ライフルと互角の勝負を繰り広げる描写は、こういった事情を反映させたものなのだといえる。銃身や部品の精度に関しては新型銃のほうが優れているかもしれないが、狙撃には気温や湿度、風向き、高低差など数多くの要素が影響を及ぼすため、銃のクセなどを考慮に入れて狙いを修正する必要がある。

つまるところ「よく当たるライフル」というものは、性能表上（スペックデータ）のものではなく“いかに射手に馴染んでいるか、相性があっているか”ということのほうが重要なのだ。軍隊の狙撃兵が使うなら汚れに強い銃でなければならないといった「必要条件」はあるものの、射手が最も使い込んでいて、使用する弾丸や狙撃環境によって生まれる微妙な変化などを知り尽くしているライフルこそが、信じられないようなミラクルショットを生み出す銃になり得るのである。

よく当たる狙撃銃の条件

新型の銃ほど命中率が高いかというと……

銃の設計は昔に比べてほとんど変化がない。

銃にマッチした弾丸も自作することで入手可能。

銃のモデルの新旧は命中率にさほど関係しない。

「骨董品」のような旧式銃でも……

射手の経験が豊富

射手が銃のクセを熟知している

整備状態が万全

こうした条件を満たせば神業的な狙撃を成功させることができる。

もちろん物事には限度というものがあるので、第二次世界大戦時のライフルで「1980年代以降に登場する50口径のアンチ・マテリアル・ライフル」と射程比べをするのは厳しい。しかし“射程内での命中率”という点においては、両者にさほどの開きはないのである。

ワンポイント雑学

「箱出し」といわれるような“出荷されてから1発も撃っていない、新品まっさら”な銃は、製造時についた余分な油にまみれていたり初期不良の有無なども定かでないので、よく当たるとは言いがたい。

No.029

『M16』を狙撃に使うのは間違い？

『M16』はベトナム戦争の時代（1960～1975年）に登場した銃で、今日では「突撃銃＝アサルトライフル」として分類される。ジャングルや市街戦のような近距離での機動戦を目的としているため、遠距離射撃は得意ではない。

●近～中距離ならば十分な能力がある

『M16』に代表されるような「突撃銃」というカテゴリーの銃は、その名が示すように弾をばらまきながら敵に突撃するような使い方をするイメージがあり、狙撃には向いていないのではないかと思える。

実際、弾薬（5.56mm口径）は小さく軽いので大量に持ち運べるが、遠距離射撃にはパワー不足で横風にも弱い。また樹脂を多用した本体は歩兵が持ち歩く分には軽くて疲れないのだが、狙撃用のライフルとしてみた場合には軽すぎてしまい安定感に欠けるという問題がある。

しかし軽量弾は弾速が速いので、近～中距離での射撃においては弾道がフラットになり狙いやすい利点がある。また銃が軽くて照準がブレるという問題も遠距離でなければさほど深刻な影響を及ぼすレベルではなく、逆に長時間狙撃姿勢を続けていても疲労が少なくて済む。

つまり400mを超えるような距離での狙撃が多いミリタリー・スナイパーの使用銃としては力不足でも、100m程度の近距離で狙撃するポリス・スナイパーが使うのならば全く問題ない。また同じM16でも製造時期によってかなり改良が加えられており、弾薬や銃身が強化されている現用モデルの『M16A2』であれば射程600mクラスの狙撃銃として十分に運用できる。

さらにM16シリーズは「リュングマン方式」という独特の作動方式を採用しており、中距離用スナイパーライフルとして見た場合、これが利点と評価されることもある。発射の際に生じるガスを直接ボルトに当てて作動するリュングマン方式はピストンやスプリングといった部品が存在しないため、それらの部品が動く際に生み出す振動やガタと無縁でいられるからだ。クリーニングに手間がかかるという指摘はされるものの、訓練を積んだスナイパーであれば無視できるレベルの問題である。

M16シリーズの特徴

『M16』は「突撃銃」なので……

狙撃には向いていない。

間違ったことは言っていないが、
M16で狙撃ができないわけではない。

M16の特性
・射程内なら弾道がフラット。
・銃が軽いので疲労が蓄積しにくい。
・撃発時の振動が少ない。

これらの要素が狙撃に有利に
働くケースも多い。

近〜中距離用に限定すれば、立派に狙撃銃として通用する。

特にポリス・スナイパーにおいては想定する射程が
100 〜 200mの範囲なので、全く問題ない。

現用モデルである『M16A2』系列の銃は、警察の狙撃手用として広く配備されている。カスタマイズ用のパーツも数多く市販されており、口径や作動方式の異なるモデルも使用されることがある。

ワンポイント雑学

もともとM16の原型となった『AR-15』は、以前からあった7.62mm口径の『AR-10』というモデルを小口径化したものである。M16が普及した現在では、AR-10をベースにした狙撃銃も数多く生み出されている。

No.030

マークスマン・ライフルとは何か？

「スナイパーライフル」や「アサルトライフル（突撃銃）」などといった銃のカテゴリー（区分）に「マークスマン・ライフル」というものがある。長距離射撃に用いられる銃なのだが、どういった特徴があるのだろうか？

●歩兵用の長距離射撃ライフル

マークスマン・ライフルとは軍用ライフルの一区分で、歩兵部隊で使われる長距離射撃用ライフルのことを指す。精度の高い銃身を持つ銃にスコープを装着したものが一般的で、フルオート機能（引き金を引いている間は弾が連続して発射される機能）を備えているモデルも多い。

戦場で歩兵部隊同士が激突したり、攻略目標に対して攻撃を仕掛ける際、狙撃兵がするように「歩兵用ライフルの射程外から一方的に攻撃する」ことができれば戦闘を有利にすることができる。しかし狙撃兵のようなレア兵士を普通の戦闘に投入するのは無駄遣いである上、流れ弾なんかに当たってやられてしまっては取り返しがつかない。

こうした役割は、部隊の中でも射撃の腕前に秀でた選抜射手（「マークスマン」「シャープシューター」などと呼ばれる）が担当する。彼らは射撃術において狙撃兵に近い訓練を積んでいるが、敵に見つからないよう隠れたり、密かに標的に忍び寄ったりするスキルは備えていない。選抜射手は長距離射撃の名手ではあっても、あくまで「すごい歩兵」でしかないからだ。

選抜射手は遠距離の標的を排除する任務を任されると同時に一般歩兵としての役割も要求されるため、弾数が少なく素早い連射ができないボルトアクションライフルでは仕事にならない。そのためマークスマン・ライフルには、普通の歩兵が使う口径5.56mmクラスのアサルトライフルよりも大口径のモデル——多くは7.62mmのオートマチック・ライフルが選ばれる。

選抜射手とマークスマン・ライフルの組み合わせはアフガニスタンにおけるアメリカ軍の『M14』など、現在でこそ一般化しているが、かつてはソ連軍のお家芸だった。フィクションなどで人気の『ドラグノフ』狙撃銃は、スナイパーライフルというよりマークスマン・ライフルに近いものといえる。

マークスマン・ライフル

マークスマンとは……
射撃の腕前に秀でた者（兵士）のこと。

彼らは狙撃兵としての訓練を受けていないが
ただの兵士として使うのはもったいない。

▼

歩兵用ライフルの射程外から敵を攻撃する
仕事をさせよう。

▼

彼らにあてがわれる銃が「マークスマン・ライフル」

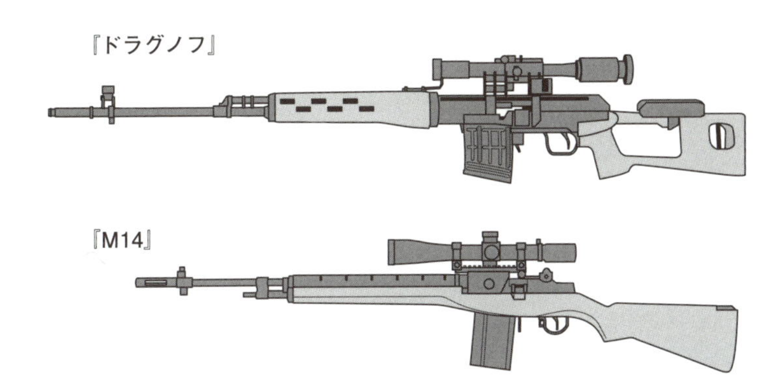

マークスマン・ライフルの特徴

・最低でも500m以上の射程と精度がある。
・スコープや二脚が装着可能。
・セミオート射撃やフルオート射撃が可能（必須ではない）。

ワンポイント雑学

ドラグノフはハンドガードやストックに「木材」を使用した古い設計の銃だが、1990年代前半に木製部分を樹脂素材に変更したり、ストックを折り畳み式にした近代化モデルが登場している。

No.031

全長の短いスナイパーライフルがある？

スナイパーライフルといえば“銃身がとても長い”というイメージがある。確かに一定以上の銃身長は射程を伸ばしたり弾道を安定させるために必要であり、短銃身の銃で遠距離射撃をしても満足な結果は得られない。

●ブルパップ式スナイパーライフル

その銃が“狙撃を目的としている”ものである以上、銃身の長さがアサルトライフルやバトルライフルといった、いわゆる「歩兵銃」よりも短くなるということは考えにくい。

発射された弾丸は火薬（発射薬）の燃焼ガスによって加速し、銃身内部に刻まれたライフリングによって回転を与えられることで直進性を得る。銃身が短いと加速も回転も不十分になってしまうので、狙撃銃として必要な射程やパワー、命中精度を得ることができないのだ。

この問題を解決するために注目されたのが「ブルパップ式」と呼ばれるライフルである。ブルパップとは“ストックの内部に機関部を埋め込んでしまう”ことにより全長の短縮を図った設計のことである。

この方式の銃は弾倉がグリップ（引き金）の後方に位置するという独特な形状のため、一般的なライフルとは使い勝手がかなり異なる。しかし市街戦のような状況や車両・ヘリコプターのような狭い空間では、銃身があちこちにぶつかったりしにくいという利点がある。

現在ではドイツの高級スナイパーライフル『WA2000』や、バレット対物狙撃銃のバリエーションである『M95』や『M99』などといったブルパップ狙撃銃が生み出され一定の成果をあげているが、ブルパップ式のアサルトライフルなどに比べて広く一般化するには至っていない。

スナイパーは一般兵士や特殊部隊の隊員などのように銃を振り回して戦うわけではないので、ブルパップ式のメリットは大きくないとする考え方もある。しかし周囲に気付かれないように移動したり狙撃位置を決める際に“銃がコンパクトであることが有利に働く”ケースがあるかもしれない以上、ブルパップ式スナイパーライフルがナンセンスであるとはいえないだろう。

ブルパップ狙撃銃

スナイパーライフルは「長くてかさばる」のが相場だが……
全長の短いスナイパーライフルもある。

『WA2000』
全長：90.5cm

『バレットM99』
全長：124cm

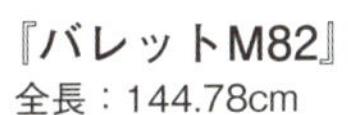

『バレットM82』
全長：144.78cm

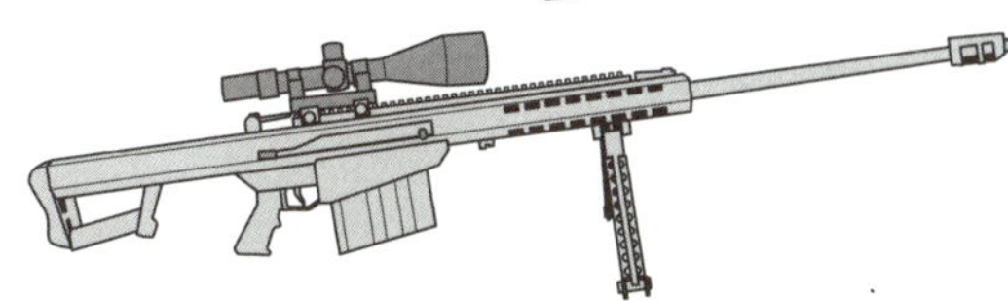

・全長が短いので銃身をぶつけたりしにくい。
・それでいて必要な命中精度は確保できる。

などの利点があるが……

広く一般化するには至っていない。

その理由は……

狙撃手は敵に見つからないよう行動するのが本分なので、戦闘においてあまり大きなアクションを行う状況になりにくい。そのためライフルが「短銃身である」必要性が薄いのである。

ワンポイント雑学

ブルパップ式のライフルは「フロントサイトとリアサイトの距離が短いため、オープンサイトでの照準がしにくい」という特徴があるが、スコープの装着が前提の狙撃銃ではそういった問題はクリアできる。

No.032

「システム化された狙撃銃」とは？

精密な銃身さえあれば「優れた狙撃銃」となるわけではない。機関部の工作精度、ストックの素材、スコープの機能など、狙撃銃としての基準を満たしつつ、それらが相乗効果を発揮するように組み上がっている必要がある。

●システムに求められる要素

優れた狙撃銃とは、全ての構成部品が綿密な計算に基づいて構成されていなければならない。厳選された精度の高い銃身を使用するのはもちろん、ストックとの間に隙間を設ける「フローティングバレル」にして発射の際の衝撃を吸収する。引き金に調節機能を持たせることにより、引き金を引くのに必要な力を変えることができるようにする。木製のストックは気象条件によって歪みが発生して調整が狂ってしまうため、グラスファイバーなどの樹脂製ストックを使用するといった具合だ。

こうした「高精度かつ狂いのないパーツ」と「必要に応じて微調整が可能なパーツ」を組み合わせることによって、高い次元の能力をコンスタントに発揮できる狙撃銃が誕生する。様々な要素が複雑に絡み合ってシステム化したライフルは「スナイプ・システム」というべき存在となった。

狙撃のシステム化は、警察など法執行機関にとって大きな助けとなった。特に狙撃スコープと送信機付きのカメラを連動させた「スナイパー・コントロール」の概念は、スナイパーの負担を大きく軽減させる効果があった。

これはスナイパーがスコープを通して見ている光景を、後方の指揮官がカメラを通して知ることができるというものだ。カメラの映像によって現場の状況を理解した指揮官は、適切なタイミングで狙撃許可の命令を下すことができる。映像や音声は全て記録されるので、万が一事故が起きたとしても“現場の人間のみに責任を被せられる”ということがない。スナイパーは難しい判断を迫られることなく、狙撃に集中できるというわけだ。

システムの共有は軍事作戦においても恩恵がある。送信機の電波をヘリコプターや地上攻撃機に送ることによって狙撃をサポートしてもらったり、逆に空爆目標の情報提供をすることも難しいことではなくなるのだ。

狙撃のシステム化とは

現代の狙撃は高度にシステム化されている。

狙撃銃そのもののシステム化

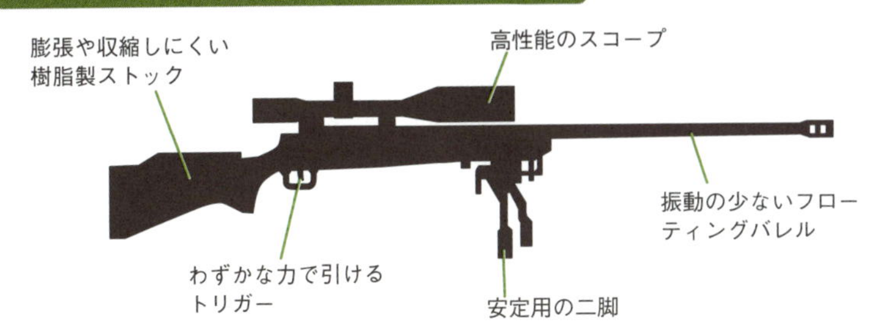

スナイパーをとりまく環境のシステム化

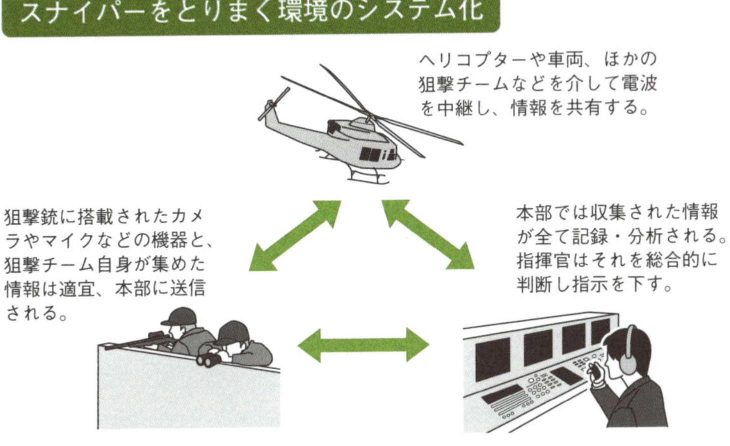

ヘリコプターや車両、ほかの
狙撃チームなどを介して電波
を中継し、情報を共有する。
狙撃銃に搭載されたカメ
ラやマイクなどの機器と、
狙撃チーム自身が集めた
情報は適宜、本部に送信
される。
本部では収集された情報
が全て記録・分析される。
指揮官はそれを総合的に
判断し指示を下す。

狙撃のシステム化はスナイパーの心的負荷を軽減することになるので、相対的に狙撃の成功率を上げることにつながる。

ワンポイント雑学

スコープに装着されるカメラには「画素数が高い」「自動で光量を調節する機能がある」「カラーとモノクロの両方に対応する」「有線・無線のどちらでも送信が可能」などといった機能が要求される。

No.033

精密なライフルは壊れやすい？

スナイパーが銃を選ぶ上で考慮しなければならないのは、命中精度と頑丈さのバランスである。命中精度は優れているほどよいのは間違いないが、精巧に作られたライフルほど壊れやすく、扱いに細心の注意を必要とする。

●精度と頑丈さの関係

スナイパーライフルといったカテゴリーの銃が求められる最も重要な要素は、当然のことながら「命中精度」である。命中率の悪いスナイパーライフルなど、何のために存在するのかわからない。

命中精度を徹底的に追求したライフルの代表格としては『PSG-1』や『WA2000』などといったドイツ製のモデルが有名だが、高い精度の代償として“乱暴な使い方をするとすぐに壊れる”といった問題点を抱えている。もともと警察などの治安維持組織向けに開発された経緯があるので壊れやすいことを“弱点”といってしまうのはフェアではないのだが、これらの銃が泥まみれの戦場でポテンシャルを十分に発揮できないのは事実である。

対して旧共産圏のライフルである『ドラグノフ』や『ガリル』『ガラッツ』といったモデルは耐久性重視のスナイパーライフルといえる。仕様上のスペックこそ一般的なスナイパーライフルに劣るものの、多少手荒に扱っても問題なく作動し、性能の低下も大きくない。ドイツ製に代表されるヨーロッパの高級銃は扱い方を違えた瞬間にガクッと性能が落ちてしまうのだが、共産圏の銃はその幅が小さい。つまり劣悪な環境でも普段とあまり違わないコンディションで射撃できるのだ。

こうした“精度と頑丈さのバランス”をどうするかは頭を悩ませる問題であるが、結局のところはスナイパー個人の嗜好や所属する組織の考え方などによって決まってしまうことが多い。PSG-1やドラグノフといった銃はどちらかというと極端な例で、ほかの多くのスナイパーライフルは精度と頑丈さのバランスが偏らないよう設計されているからだ。特にボルトアクション式のスナイパーライフルは高水準でバランスがとれており、根強い人気を誇っている。

精度と頑丈さのどちらを取るか

命中率の悪い狙撃銃など存在する価値もないが……

ガラス細工のような銃では使い物にならない。

このあたりのバランスは銃の
設計思想と綿密に関係する。
精度
耐久性
『PSG-1』
『WA2000』
『ドラグノフ』
『ガリル』
「ボルトアクション式」の狙撃銃は
精度と耐久性のバランスが理想に近い。

警察や治安機関では銃を手荒に扱うようなケースが少ないので、比較的「命中精度を重視したバランス」に偏る傾向にある。

ワンポイント雑学

精密なライフルは部品一つを作るのにも複雑な工程を必要とし、品質管理にも厳重になる。それは人員・機械に必要なコストとして計上され、必然的に価格も高くなる。

No.034

軽すぎる銃は狙撃に向かない？

昔は銃に使うことのできる材質など限られていて、機関部は金属、ストックは木で作られるのが普通だった。近年は樹脂素材の導入によって銃の軽量化が進んだが、スナイパーにとってはよいことばかりではなかった。

●銃の反動

銃は弾丸を発射したときに反作用が生じる。弾丸が銃口から出ると同時に、銃を反対側に押す力が発生するのだ。歩兵の使うアサルトライフルは口径5.56mmという小口径のもので、発射に使う火薬も少量である。そのため樹脂製の軽い本体でも反動はあまり気にしなくてよいし、反動が気になるような精密射撃に用いられることも少ない。

しかし狙撃用ライフルの場合はそうはいかない。反動でライフルが動けば弾が銃身を飛び出す前に照準がぶれてしまうことだってある。銃が重いほどなまじの反動では銃がぶれにくくなるため、弾が銃身を出て行くまでの時間が稼げることになる。また銃身を重く――肉厚に作ることによって発射の際に生じる熱を一時的に吸収し、あとで放熱することができるようになるため、銃身の加熱を和らげる対策としても有効といえる。

軍の狙撃兵は重い装備を担いで遠い道のりを進み、さらにそれ以上の時間をかけて標的を監視し狙い続ける。銃が重たければそれだけスタミナを消費することになるので、銃が軽いのならそれは歓迎するべきことといえる。

しかし軽すぎるライフルは安定性に欠け、狙いが甘くなってしまう。ライフルを荷物の一つではなく任務達成に必要なツールとして考えた場合、やはりある程度の重さは必要なのだ。

長距離狙撃に使用することを前提としたライフルの場合、発射の際の反動が可能な限り「真後ろ」になるように、ストックの大きさや角度などが計算されている。この軸線がずれると、発射の反動で銃口が跳ね上がってしまうことになるからだ。ストックを交換したり、スコープや二脚などのオプションを追加で装着することによってそのバランスが崩れることのないよう、オプションの選択や装着後の調整には気を使う必要がある。

軽い銃と重い銃

合成樹脂の登場によって軽い銃を作れるようになった。

・持ち運びをするのが楽。
・長時間、同じ姿勢で構えていられる。
・軽くなった分、予備の弾を携行できる。

しかし、スナイパーにとってライフルは「軽ければよい」というものでもない。

重い銃の利点

・発射の反動を銃の重さで吸収することができる。
・熱による銃身の膨張・収縮による誤差を少なくできる。
・銃が重いと狙いが安定する。

長距離狙撃専用のライフルは反動が真後ろにいくよう設計されている。

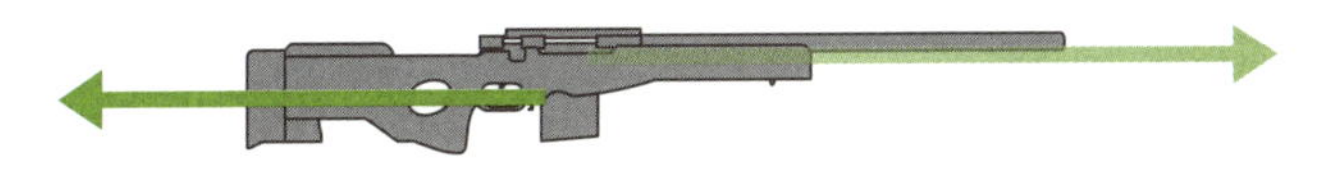

古い設計のライフルは反動で銃口が跳ね上がることがある。

ストックが曲がっているので、
その部分を支点にして反動が
上に逃げてしまう。

ワンポイント雑学

銃の重さは構えたときのバランスにも影響する。銃が軽すぎれば安定しないし、重すぎると疲労の原因となる。一説には、射手の体重の「6～7%」が理想とされる。

No.035

狙撃銃はどうやって現場まで運ぶ？

スナイパーの仕事道具で最も重要なのは狙撃銃だが、同時に最も持ち運びに神経を使うものだ。野外活動の多いミリタリー・スナイパーと、都市部での活動が主なポリス・スナイパーでは、その手段も微妙に異なる。

●できれば隠して

ミリタリー・スナイパーの場合、ライフルを「ドラッグバッグ」に収納して持ち運ぶという選択肢がある。これは単にライフルの入るサイズのバッグでしかないのだが、ライフルを保護するために様々な仕掛けが施してある。

例えば簡素なフレームによってライフルに直接衝撃が加わらないようになっていたり、緩衝材を用いてでこぼこした地形を引きずっても大丈夫なようになっていたりという具合だ。

ライフルをドラッグバッグに入れて持ち運ぶ理由には、カモフラージュの観点もある。狙撃兵自身が完璧な偽装をしていても、野外ではライフルの銃身のような“直線”や、金属・樹脂などの質感がとても目立つものだ。

ライフルの表面にペイントしたり、布を巻いたりしてカモフラージュすることも可能だが、ドラッグバッグに入れてしまえば銃の保護とカモフラージュを同時にできるというわけだ。もちろんバッグに入れたままの状態では銃を撃つことはできないので、こうしたやり方が使えるのは標的に接近するまでに限られる。

ポリス・スナイパーの場合、狙撃地点までは車両などを用いて移動することが多いので、ライフルの運搬方法については難しく考える必要はない。車両から降りて直接配置につけるような状況であれば、警察署などの拠点からライフルを剥き出しで抱えて持ち運んでも構わないくらいだ。

しかし狙撃地点が警察によって封鎖されておらず人目につく場合や、事件がマスコミなどの取材によって報道され、スナイパーの配置が何らかの手段で犯人に知られてしまったりする可能性がある場合、これ見よがしにライフルを見せびらかすわけにはいかない。そうした状況では銃の持ち込みが悟られないよう、運搬用のケースに入れて移動する必要がある。

狙撃銃の運搬方法

ライフルはむき出しで運ぶと結構目立つ。

⇒銃を持っていることは隠しておいたほうがいい。

ミリタリー・スナイパーの場合

銃をむき出しで持ち歩かないのは、狙撃兵であることを気取られないという点で非常に意味がある。

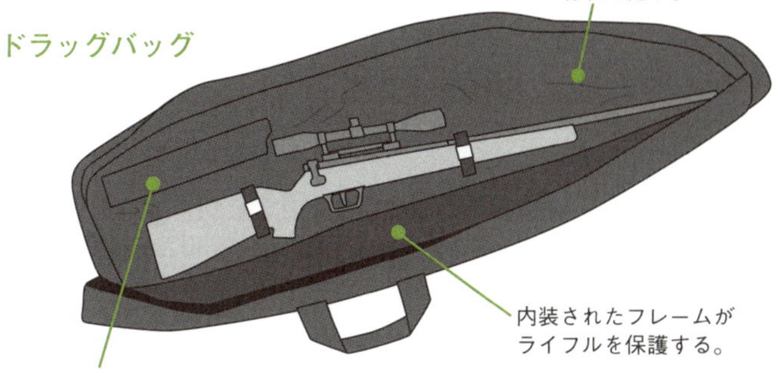
ドラッグバッグ
ソフトな曲線が銃の存在を隠す。
内装されたフレームがライフルを保護する。
予備弾やクリーニングキットなどを内部に収納できる。

ポリス・スナイパーの場合

気をつけるべきは市民やマスコミを刺激したり、それによって犯人に「狙撃手が現場に入った」ことを悟られないこと。

ワンポイント雑学

ドラッグバッグやライフルケースには簡易防水が施されているものが多く、雨や雪はもとより短時間の水没からもライフルを守ってくれる。

No.036

分解組立式の狙撃銃は存在するか？

古い映画やコミックなどでは、登場人物が現場でライフルを“組み立てて”狙撃をするシーンがあったりする。組立式ライフル自体は実在するが、フィクションのような形ではなく、あまり狙撃任務に使われることもない。

●軍や警察では「分解組立」の必要はない

暗殺者やスパイのような「法の枠外にいる者」が狙撃を行う場合、まずは銃を現場に持ち込むこと自体が一仕事である。彼らが狙撃を行う「現場」はそもそも銃の持ち込みができない場所であることが多く、またそうした場所に銃を持ち込んで狙撃するからこそ、相手にショックと混乱を与えることができる。転じて、自らの逃走の際の時間稼ぎにもなるわけだ。

こうした場合によく用いられるのが「銃を部品にして運ぶ」方法だ。分解された銃の部品など一般人にはわからないし、部品サイズならいろんな場所に隠しやすい。

しかし分解して数が増えればそれに比例して紛失などといった事故の危険も増えるし、部品が1個でも足りなければ銃は組み上がらない。そこまで細かくしなくても「銃身」「機関部」「ストック」などに分割するだけでかなりコンパクトにできるので、分解の必要がある場合はこちらの方法のほうが一般的だ（もちろん組み立て後には試射や調整が必要になる）。

フィクションの世界では絵的なインパクトからも組立銃は人気がある。チャールズ・ブロンソン主演の映画『狼の挽歌』では、弁当用のバスケットから『AR7』を取り出して組み立てるシーンを見ることができる。AR7はもともとパイロットのサバイバル用として開発された実在する銃で、民間用としてもバーミントライフル（小動物狩り用の狩猟銃）として販売されている。また映画『ジャッカルの日』では杖に組み替えられる狙撃銃が登場するが、こちらは完全な創作である。

現在はこうしたシーンを目にすることが少なくなったが、映画やドラマなどに登場したこれらのライフルは“スナイパーが現場で銃を組み立てて狙撃する”といったイメージの形成に大きな影響を与えたと思われる。

組立式の狙撃銃

ライフルが「分解組立可能」なものなら……。

⇒銃を持っていることが周囲に悟られにくい。

「銃を持ち込めない場所」にも
銃を持ち込みやすくなる。

軍や警察の狙撃手にはあまり関係ないが、法の枠外にいる者にとってはけっこう大きな問題。

具体的な方法として……

- 「銃身」「ストック」などかさばる部分のみ取り外して袋やケースなどに入れる。
- 外見では銃と判断できない「部品」レベルにまで分解する（数回に分けて運ぶとなおよい）。

状況に応じて使い分ける。

『AR7』本来はパイロットのサバイバルツール。

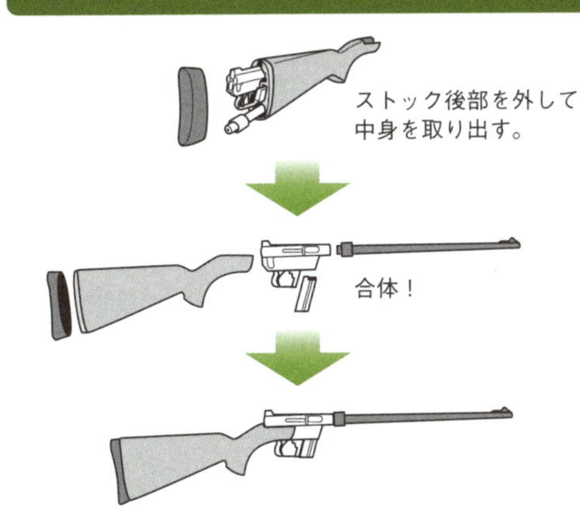

ストック後部を外して
中身を取り出す。
合体！

銃には見えない別の品物を組み替えてライフルに変形させるケースもある。

映画『ジャッカルの日』に登場する「杖に偽装できるライフル」

ワンポイント雑学

劇画『ゴルゴ13』の初期作品では、ライフルを分解してドアチャイムや工作機械の見本に偽装し、潜伏先のホテルに小包で届けさせる描写があった。

No.037

コンクリートの壁をも撃ち抜く狙撃銃とは？

狙撃は遠方より行われることが多いが、距離が遠くなればなるほど弾丸の威力は弱くなる。遠距離からでもパワフルな一撃を叩き込むことのできるライフルがあれば、狙撃のタイミングもつかみやすいのだが……。

●アンチ・マテリアル・ライフル＝対物狙撃銃

狙撃のターゲットが建物や車両の中などにいた場合、確実にしとめるには窓から顔を出したり車から降りるまで待つ必要がある。遮蔽物によって弾が逸れたり届かなかったりする危険性を少なくするためだ。

しかし標的が“そこにいる”ことさえわかれば、コンクリートの壁すら貫通して命中させることのできる狙撃銃が存在する。50口径弾を使用するアンチ・マテリアル・ライフル――「対物狙撃銃」である。

50口径弾（12.7mm弾）は重機関銃に使われる弾薬で、一般的な狙撃銃に使われる7.62mm弾に比べて大きく重たい弾を大量の火薬で発射する。当然そのパワーもすこぶる強力で、壁や建物の向こう側にいる標的も遮蔽物もろともに撃ち抜くことができるというわけだ。

しかしこれほど強力な銃だと戦争法規（戦争のルール）で規制されているところの「不必要に苦痛を与える兵器」にあてはまってしまう可能性があるため、名目上は「車両や装備品などといった“対物”用に限定した武器ですよ」ということになっている（アンチ・マテリアル・ライフルという名称がそれを声高に主張している）。

もちろん名目上とされる対物用途においても、対物狙撃銃は引っ張りだこである。指揮車両や通信設備、航空機などは言うに及ばず、艦船のレーダーを破壊したり地雷や路肩爆弾を遠くから爆破することができるからだ。

警察などの法執行機関は国際的な戦争法規とは関係ないので、対物狙撃銃を「航空機や車両を占拠した犯人を狙撃」する目的で使用している。特に見通しのよい空港では市街地のように身を隠して標的までの距離を詰めることができないため、対物狙撃銃の圧倒的パワーをもって航空機の分厚いガラス越しに犯人を無力化するのである。

「対物用」のスーパー狙撃銃

標的が遠すぎると弾が届かない。
弾の威力もなくなってしまうのではないか。

大口径の弾薬ならそんな心配も少ない。

そして登場したのが……

50口径弾を使用する「アンチ・マテリアル・ライフル」

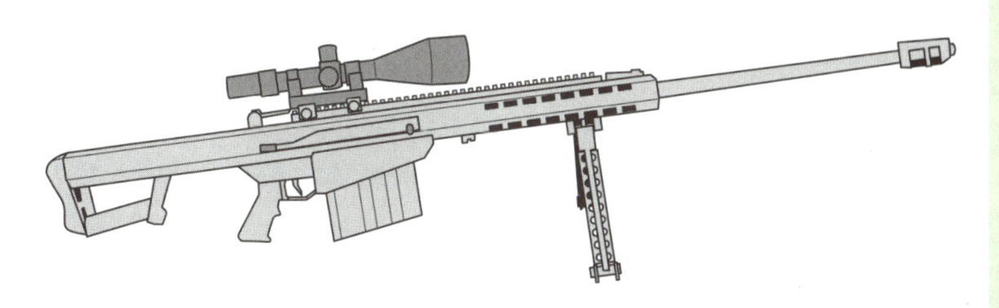

50口径弾は重機関銃の弾薬で、通常のライフル弾よりかなり大きい。

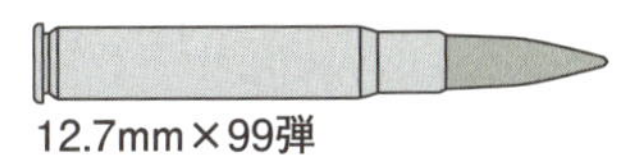

12.7mm×99弾

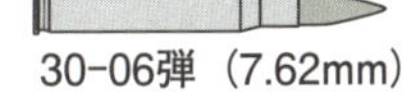

30-06弾（7.62mm）

名目上の使い道は、あくまでも「対物用」

標的となるのは

- 車両、航空機、艦船のレーダー。
- 地雷や路肩爆弾。
- テロリストなどには例外的に使われることも。

ワンポイント雑学

50口径弾による狙撃は朝鮮戦争やベトナム戦争でも行われていたが「一部の特殊なケース」扱いだった。この戦術が注目され対物狙撃銃が誕生する一因となるのはフォークランド紛争以降である。

No.038

スコープはどんな構造になっている？

スナイパーライフルに装着するスコープは「望遠鏡型照準器」と訳されることもあるように、小型の望遠鏡のような作りをしている。長い筒の前後にレンズがはめ込まれ、３つの調整用ノブを備えているものが一般的だ。

●標的を拡大する望遠鏡

スコープの筒の両側にはレンズがはめ込まれているが、手前側――スナイパーが覗く側のレンズを「接眼レンズ」、反対側のレンズを「対物レンズ」という。対物レンズは大きいほど光を集めることができるので、それだけ視界が明るくなり映像が見やすくなる。そのため狙撃用スコープの対物レンズは本体部分の胴径よりも太くなっているものが多い。

筒の径は太いほど長距離狙撃向けで、1インチ（25.4mm）のものと30mmのものが一般的である。筒の中にはチューブ（イレクターチューブ）が収められており、これを動かすことによって照準を調整する。遠距離射撃になるほどチューブに大きな角度をつけてやる必要があるため、筒の径を太くする必要があるのだ。

チューブの内部には「直立レンズ」という3つめのレンズがあり、対物レンズによって集められた光を補正して接眼レンズに送る。スコープの十字(レティクル）は直立レンズに描かれており、調整用ノブを操作してチューブを動かすことによって微調整する。3つあるノブのうち2つは「上下」と「左右」を調節するもので、残る1つは「視差」を調整するものだ。

スコープはカール・ツァイスやニコンなどといった（カメラや望遠鏡で有名な）光学機器メーカーが製造していることが多い。これらは信頼性の面からもブランドとなっており、値段に比例して性能も上がるといわれている。

スコープは精密機器ではあるものの、軍隊の採用するモデルは少々手荒に扱っても問題ない設計になっている。発砲時の振動や熱などで照準が狂ってしまうようでは軍用としては困るからだ。それでもスナイパーが“万が一”のトラブルをわざわざ自分から呼び込む必要はないという考えから、スコープの扱いには人一倍気を使っている。

スコープの内部構造

スコープの構造

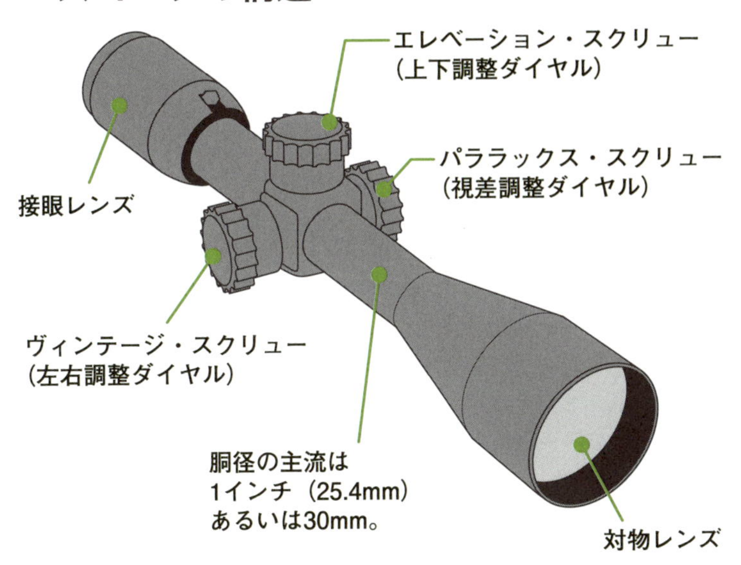

「対物レンズ径」や「胴径」が太いスコープほど長距離向け

遠距離を狙うときほど銃に角度をつける必要があるため。

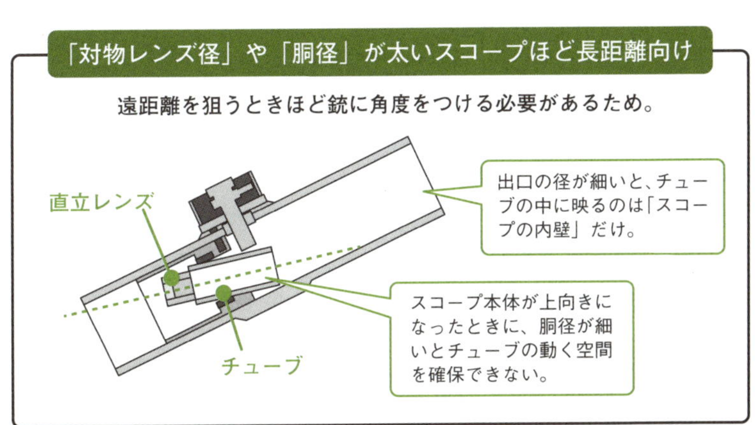

直立レンズ
チューブ
出口の径が細いと、チューブの中に映るのは「スコープの内壁」だけ。
スコープ本体が上向きになったときに、胴径が細いとチューブの動く空間を確保できない。

ワンポイント雑学

一部のスコープの照準調整ノブには、勝手に回ってしまったりしないよう「押しボタン式のロック機構（ターンノブ）」がついている。

No.039

スコープはどうやって取り付ける？

スナイパーライフルにとって「スコープ」は欠かせない装備だ。スコープを乗せてこそ、ライフルは能力を発揮できる。しかしこの2つが最初から一体化しているということはなく、大抵はオプションとして後付けされる。

●スコープのないライフルなんて

スコープがスナイパーライフルにとって必須の装備でありながら、最初から一体化して設計されていないのは、そのほうが経験や用途に応じた調整や交換・グレードアップなどをしやすいからである。またスコープ自体がとても高価なシロモノであることも、最初からスコープを組み込んだライフルが一般化しない理由といえる。

スコープをライフルに装着するため必要なのが「マウント」と呼ばれるものである。「マウントベース」という土台をライフルの側に取り付け、そこに挟み込んだりスライドさせたりしてスコープを装着するのだ。

マウントベースはネジなどで銃に固定されるが、万が一ガタつきがあるとスコープの照準が狂うので、接着剤を使ってがっちり固定してしまうことも多い。固まる際の化学変化によって微妙な歪みが出ることのないように、硬化前と後で体積の変化しないエポキシ系接着剤が向いている。

新しい設計のライフルは「ピカティニーレール（レールマウント）」と呼ばれるスライドレール式のものが標準装備されているものも多く、こうしたモデルは銃そのものがマウントベースとなるのでガタつきとは無縁である。ただしレールを挟み込む部分のネジがゆるんでくる可能性があるので、ロックタイト（ネジ止め剤の商標）などを使って固定する場合がある。

狙撃用のスコープは筒状をしているものがほとんどだ。筒の部分とマウントベースをつなぐ部分は「マウントリング」と呼ばれ、胴径のサイズに応じてバリエーションがある。リングのほとんどは上下の挟み込み方式になっており、ネジを使って固定する。「クイックリリース式」のマウントではマウントリングを取り付けたスコープをマウントベースに差し込んで、レバーを上下させることで素早い着脱が可能になっている。

スコープとライフルを「つなぐ」もの

スコープとライフルは「マウント」を介して一つになる。

マウントベース ＝スコープを乗せるための土台。

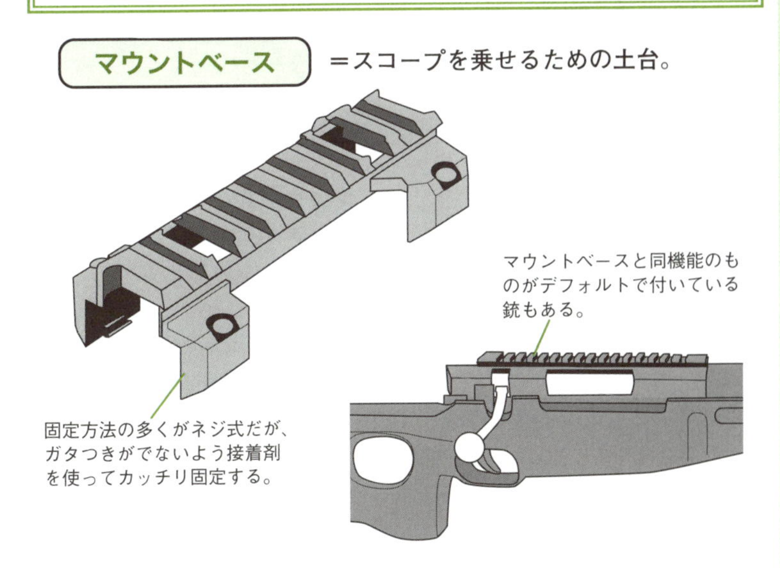

マウントベースと同機能のものがデフォルトで付いている銃もある。
固定方法の多くがネジ式だが、ガタつきがでないよう接着剤を使ってカッチリ固定する。

マウントリング ＝マウントとスコープをつなぐ部品。

取り外しが簡単にできる「クイックリリース式」のマウントもある。

ワンポイント雑学

「ロックタイト」は空気を遮断すると固まる性質を持つ嫌気性の接着剤で、ネジ山に塗って締め込むと（ネジが空気に触れなくなるので）がっちり固定される。日本でもホームセンターなどで入手可能。

No.040

スコープを覗くと何が見える?

映画やコミック作品などでスナイパーが狙撃を行うシーンでは、スコープ内の画像には大抵「十字線」が描かれている。この十字の中央を標的に合わせて引き金を引くと、弾がそこへ向かって飛んでいくというものだ。

●レティクル

スコープ内に描かれた狙いをつけるための線は「レティクル」と呼ばれる。一般的なレティクルのイメージとして最もよく目にするのが、直線を十字に組み合わせた「クロスヘア」と呼ばれるものであろう。

クロスヘアタイプのレティクルは線が細いほど遠距離の標的を狙撃する際に狙いをつけやすくなるのだが、あまり細すぎると標的や背景に埋もれて見えなくなってしまう。線を太くすれば見やすくはなるが、そうすると今度は小さな標的を狙うときに太い線が邪魔をして、標的を隠してしまうという問題が生じてくる。

そこで考え出されたのが、クロスヘアの十字線が交差する中央部分のみを細くした「デュプレックス(マルチエックス)」や、棒のような線が描かれその頂点部分に狙いをつける「ポスト」と呼ばれるレティクルである(ポストにはバリエーションとして、中央部分の途切れた水平線を組み合わせた「ジャーマンポスト」というものもある)。

またレティクルの線を細くして精密射撃をしやすいようにしつつ、暗い場所でもよく見えるようにするために、バッテリー(電池)や蓄光材を使ってレティクルを発光させるものも登場している。

長距離狙撃を前提としたスコープのレティクルには、一定の間隔で目盛りが刻まれているものも多い。この目盛りは「ミルドット」と呼ばれ、標的との距離に応じた着弾修正に用いられる。

目盛り1ミル分の長さは「1,000mの距離から見た1mサイズのものと同じ」と決まっているので、500mの射撃で弾が1m下に当たる銃の場合は、2目盛り上を狙えばよいことになる。標的の大きさがわかっている場合は、ミルドットを数えることで距離を求めることができる。

スコープの中には十字線が見える

様々なレティクル

クロスヘア

フィクションなどでもよく
目にする一般的なタイプ。

**デュプレックス
(マルチエックス)**

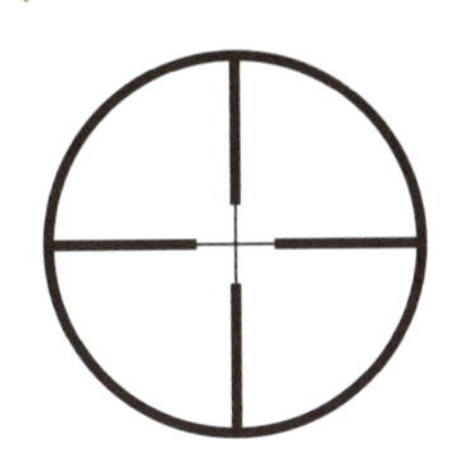

**ポスト・デュプレックス
(ジャーマンポスト)**

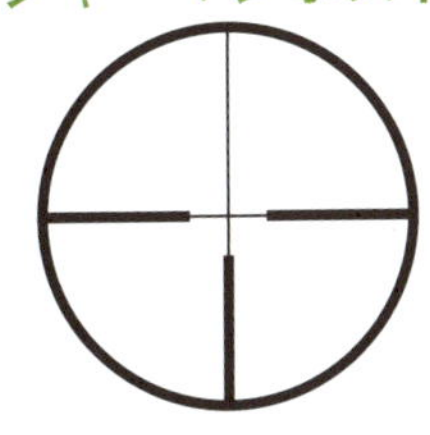

**イルミネーテッド・
デュプレックス**

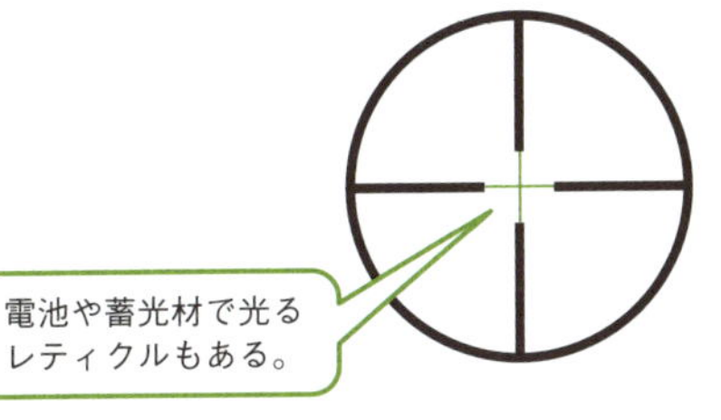

電池や蓄光材で光る
レティクルもある。

ミルドット

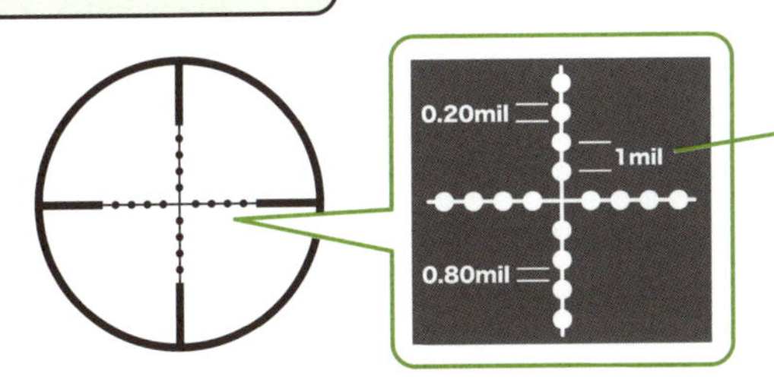

1,000mの距離から
見た1mサイズのも
のと同じ。

500mの射撃で弾が1m落ちる銃の場合は、2目盛り上を狙えばよい。

ワンポイント雑学

「クロスヘア」の由来は、昔のスコープが髪の毛を貼り付けて十字線の代わりにしていたことから。やがて細い金属線が使われるようになり、現在ではガラス面に直接エッチング処理を施している。

No.041

スコープと目の距離は？

理想的な照準姿勢を維持するには、スコープと目の距離が適切でなければならない。遠すぎると視界の周囲に黒い部分（スコープの内壁）が映り込んでしまうし、近すぎても無駄に力が入ってしまうためよい結果にはならない。

●スコープの視界と瞳径

スナイパーの使用するスコープは、アイレリーフ（射手の目とスコープの接眼レンズとの距離）が5～8cm程度のものが一般的だ。目がスコープから離れすぎると、内部に映し出された視界の周囲に黒い影が生じて全体を見ることができなくなる。

また顕微鏡を覗き続けていると肩が凝ってくるように、目が近すぎても過度の緊張によって疲労を引き起こし、ターゲットが“見えてはいても、観えてはいない”という状態を招いてしまうことになる。目はスコープから遠すぎず、近すぎず、適度な距離を保つことが重要なのだ。

アイレリーフは“高倍率のスコープほど短くなる”が、これはスコープの瞳径（専門的には「射出瞳孔径」と呼ばれる）と関係していて、「対物レンズの有効径÷スコープの倍率」といった計算式で求められる。

つまり同じレンズ径のスコープなら、倍率が大きくなるほど瞳径は小さくなるということだ。高倍率のスコープでも、対物レンズの径を大きくすれば瞳径のサイズも標準値に近付けることが可能だが、レンズ径が大きいとライフルにつけることができなかったり、たとえ装着できても銃のバランスが崩れてしまう。あらかじめ決められた距離を狙撃するなら問題ないが、突発的変化に経験とカンで対応しようと思った場合、照準の調整に手間取ることになりかねない。

スコープの瞳径は、その値が大きければアイレリーフの距離に余裕を持つことができる。逆にあまり小さい場合は、ライフルを構えたときにスコープの中心がどこだかわからなくなってしまうことになる。人間の瞳の大きさは昼間で3mm前後、暗くなると7～8mm程度なので、瞳径はそれより多少大きい程度になるのが理想とされている。

適度に距離をおくのが大事

スコープに目を近付けすぎても見えない。

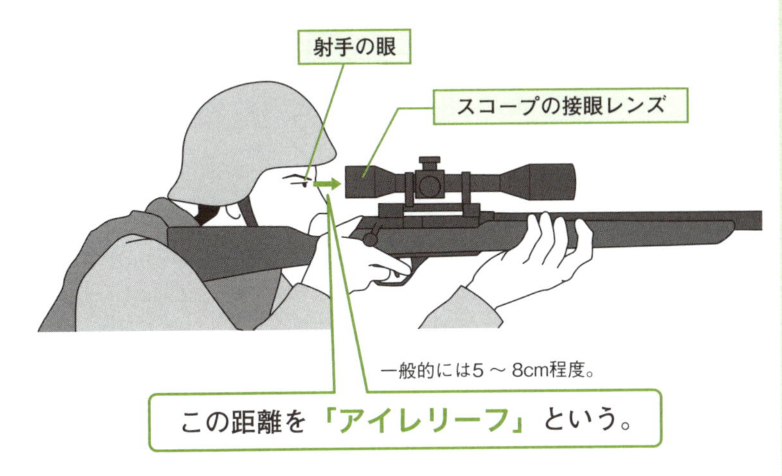

この距離を「アイレリーフ」という。

高倍率のスコープは「瞳径」が小さい。

その結果……

アイレリーフが短くなる。

瞳径は人間の瞳の大きさより多少大きい程度が理想！

瞳径の求め方

「レンズの直径」÷「倍率」

適切なアイレリーフは照準を助けるだけでなく、疲労をおさえる効果もある。

ワンポイント雑学

アイレリーフの数値がマニュアルに書いていない場合、接眼レンズから徐々に目を遠ざけていって“視野の周囲に黒い影が生じて全体を視覚できなくなる”ギリギリの位置を見極めることで把握できる。

No.042

スコープは高倍率のほうがよい？

ライフルのスコープ（望遠照準器）には様々な倍率があり、スナイパー向けのものは3倍から12倍のものが一般的だ。レンズに捉えたものが倍率の分だけ拡大されて見えるのだが、大きく見えるほど有利になるのだろうか？

●何事も適度に……だが

スナイパーとしての役割を果たすためには“弾を標的に当てる”ことが最優先だが、同時に“どこに当てるか”といったことも求められる。標的の殺害が任務なのか、武器を狙ったり手足を撃ち抜いたりして無力化することが目的なのか、状況によって様々なパターンが考えられる。警察の狙撃手などの場合、立てこもり事件の犯人などが人質と密着していたりするケースも珍しくないため、繊細な照準ができなければ大変なことになる。

スコープの望遠機能によって標的を拡大することができれば、こうした状況がかなり楽になる。スナイパーの技量さえ十分ならば、狙ったところに弾を送り込むことができるだろう。しかし拡大率の大きすぎるスコープには、また別の問題が出てくる。視界が非常に狭いため、レンズに投影されている部分以外で何かが起こってもわからないのだ。

2人以上のチームで狙撃を行う場合、射手は標的に集中し、ほかの部分の状況把握を仲間に任せるという手も使えるが、単独で狙撃任務にあたらなければならない場合、倍率可変式のスコープを使うという選択もある。ただ画像をズームイン、ズームアウトすることのできるスコープは便利な反面、ツマミを操作する動きで敵に気付かれてしまったり、ズームした拍子に標的を見失ってしまうことがあるので注意が必要だ。

高倍率のスコープを訓練を重ねることで使いこなせるようにすることは可能であっても、低倍率のスコープはどんなに目をこらしても拡大されて見えることはない。また高倍率のスコープは価格も高くなる傾向があり、それがそのまま品質的な保証につながっているケースが多い。スナイパーとしてスコープを選ぶのであれば、やはり高倍率（＝高品質）のものにしておいたほうが間違いないだろう。

スコープの倍率

スコープは遠くを見ることができる。

・標的を拡大すれば細かい場所を狙える。
・狙撃のタイミングなど状況の観察もできる。

では、望遠倍率は大きいほうがよいのか？

倍率に比例して視野が狭くなる。

周囲で何が起こっているのかが把握できない！

解決策は……

チームで行動して周辺監視を仲間に任せる。

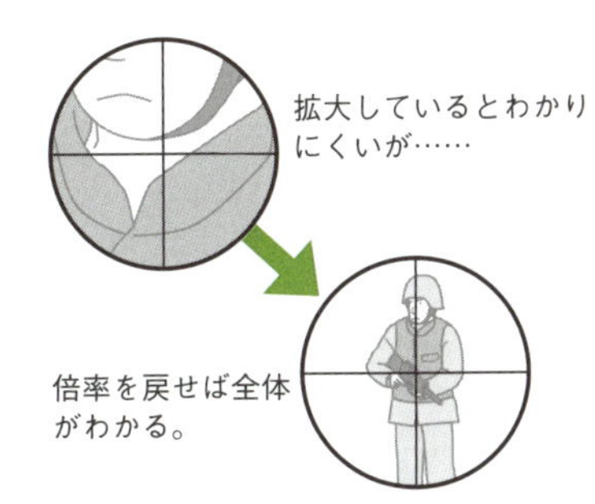

拡大しているとわかりにくいが……
倍率を戻せば全体がわかる。

「倍率可変式」のスコープを使用する。

高倍率すぎるスコープでは「動く標的をとらえ続ける」のも難しいので、そうした任務ではあえて倍率をおさえる選択肢もある。しかし高倍率のものは高品質であることが多いので、使いこなせるようにしておいたほうがよい。

ワンポイント雑学

スコープの倍率は「10倍率」もあれば十分とされていたが、近年では「25倍率までの可変式」が主流となってきている。風の向きや強さ、周囲に立ち上る陽炎などを見るのに高倍率のスコープは便利だからだ。

No.043

スコープが曇ったらどうする?

ガラスが曇るのは温度差によって空気中の水分が張り付くからである。部屋の窓や車のガラスなら空気を入れ換えて温度差をなくしたり、温風をあてて水分を飛ばせばよいが、スコープの曇りにはどう対処するべきだろうか。

●スコープのレンズ面は曇らない

スコープの外側が曇った場合、単に布などで拭いて水分をぬぐえばよい。もちろんレンズに傷をつけてはいけないので、柔らかい布を用意しておくのが前提だ。表面がキレイでないと曇りやすくなるので、使用しないときはレンズキャップを被せて保護しておくべきである。

曇っているのがスコープの内側だと布で拭くわけにもいかないが、スコープ内部には「不活性ガス」が充填されているので心配は無用である。このガスは乾燥しているため、曇りの原因となる水分が存在しないからだ。

スコープは望遠鏡やカメラと同様の精密光学機器であるため、高級品ほど安心というのが常識となっている。光学機器はレンズの精度が悪いと像が見えにくかったり歪んだりしてしまう。レンズの精度は価格と比例するため、高価なレンズを使ったものほど性能がいい。

これは設計の工夫などといったレベルでは解決できない問題なので、高価格＝高性能ということになる。安物のスコープは作りも雑なので、内部に充填されたガスも何かの拍子に簡単に抜けてしまう。ガスが抜けて水分を含んだ空気が内部に入ってしまうと、スコープのレンズも曇ってしまうのだ。

一度内部が曇ってしまう――水分が入ってしまうと、もうそのスコープは使い物にならないと考えたほうがよい。スナイパーは監視や待ち伏せなどに数時間、長ければ数日以上も過ごすことになる。昼夜が変わればそれに合わせて気温も変化するし、変化が急激ならそれだけ曇りも発生しやすくなる。

曇るのは早くても曇りが晴れるのには時間がかかる。一瞬しか訪れないチャンスをものにしなければならないスナイパーにとって、曇りの発生しやすいスコープをわざわざ使うというのもナンセンスだし、のんびりと曇りが晴れるまで待っているわけにもいかないからだ。

スコープの曇り

スコープのレンズが曇ってしまった。どうしよう！

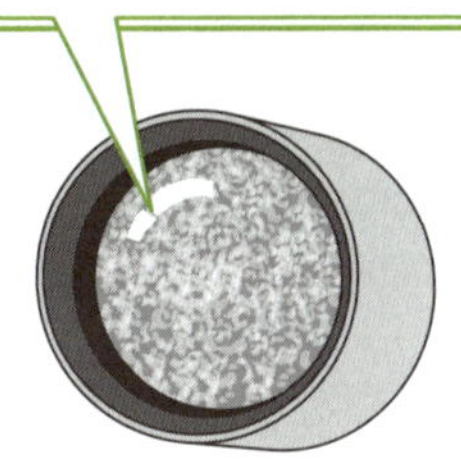

曇りが「外側」なら、
単に柔らかい布でぬぐえばよい。

もし曇っているのが「内側」だったら……？

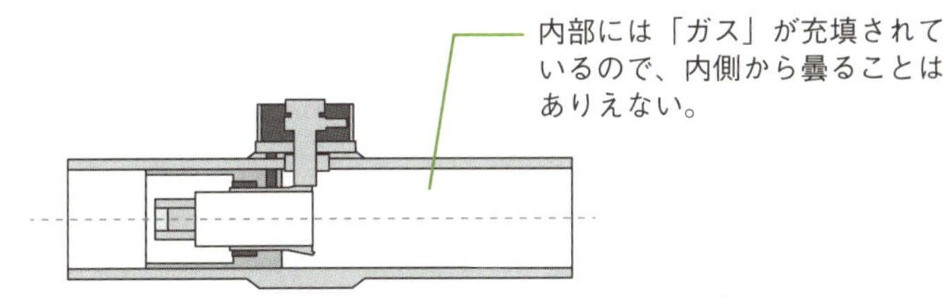

内部には「ガス」が充填されているので、内側から曇ることはありえない。

これはどこかに隙間があって
ガスが抜けてしまっているということ。

**内部の曇ってしまったスコープは
もう「使い物にならない」と考えたほうがよい。**

（内部の曇りは布でもぬぐえず、曇りが消えるのも時間がかかる）。

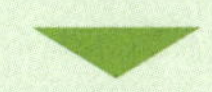

そんなことにならないよう、
スコープは高級品を用意しよう。

ワンポイント雑学

寒冷地ではスコープに息を吹き付けないよう注意が必要である。息に混じった水分がスコープのレンズに付着し、それがそのまま凍ってしまうことがあるからだ。

No.044

スコープの取り扱い時に注意することは？

スコープは遠くの目標を見やすくし、照準の調整にも役立つ便利な道具である。狙撃任務には必須ともいえるアイテムだが、その機能を十分に発揮するためにはいくつか注意しなければならない事柄がある。

●スコープを保護する様々なアイテム

狙撃任務にスコープを使用する場合、様々な点に注意を払わなければならない。中でも気に留めておくべきは、スコープが“乱暴な扱いには向かない精密器機である”ということだ。

粗雑に扱ってスコープを何かにぶつけてしまうと、せっかく合わせた照準がズレてしまうことはもちろん、最悪の場合内部に充填されたガスが抜けてしまうことがある。スコープ内には外気温との差でレンズ面が曇らないようガスが詰まっており、それが抜けると使い物にならなくなってしまう。

またレンズに傷がついてしまうと拡大した像が見にくくなってしまうし、一度傷がついたレンズは交換するしかなくなる。双眼鏡と同じく、スコープは購入したときにレンズキャップが付属してくるが、このキャップは最低限の機能しか持たないので「バトラーキャップ」と呼ばれるものに交換する。これはワンタッチで蓋の開閉ができるようになるアイテムで、高級なスコープになると最初からこのキャップがついていたりする。

レンズは光を反射するので、油断しているとせっかく隠れていても自分の居場所がバレてしまう。光の反射をおさえるためにスコープに装着するのが「サンシェード」と呼ばれるフードだ。これはスコープの先端（対物レンズの側）に取り付けて光の入る方向を制限する筒状のオプションで、斜めから光が差し込んでレンズに反射するのを防いでくれる。

さらに「ハニカム」というアイテムをスコープの先端に装着すれば、照準やスキャニング用のレーザー光までも減退させることができ、レーザーが目に入ってダメージを受ける可能性を減らしてくれる。サンシェードやハニカムをつけた上からでもバトラーキャップは装着することができるので、必要ならば“全部乗せ”で使用することも可能である。

スコープのオプション

スコープ使用の際に気をつけるべきこと。

ガス漏れ → これについては「大事に扱う」しか対策手段がない。

レンズの破損や汚れ

こんな便利なアイテムがあります！

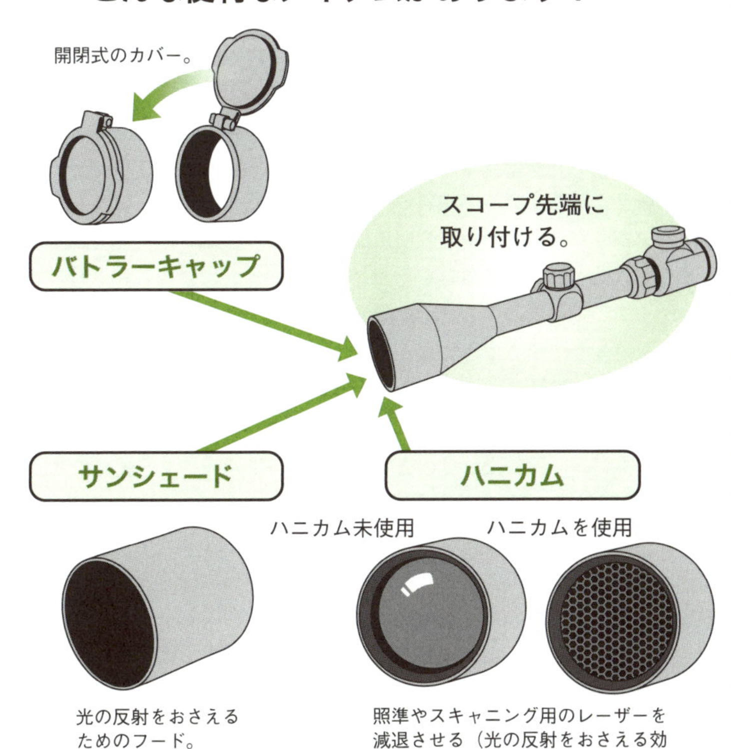

光の反射をおさえるためのフード。

照準やスキャニング用のレーザーを減退させる（光の反射をおさえる効果もある）。

ワンポイント雑学

ハニカムはその名の通り“ミツバチの巣”のような形をしているが、孔の数や形状にはバリエーションがある。また「キルフラッシュ」の名前で販売されていることもある。

No.045

狙撃用暗視装置の使い道は？

スナイパーの仕事場所は、明るい時間や場所のみとは限らない。こちらが相手に気付かれないよう、あるいは相手が油断したり疲労しているだろうことを見越して、夜間・暗所からの狙撃が行われるのは珍しいことではない。

●狙撃以上に重要な用途も

暗闇の中では当然のことだが標的が見えない。見えない標的を狙うことはスナイパーにとって難しいことではないが、見えていたほうが成功率が上がるだろうことは疑いない。そこで登場するのが暗視装置だ。

暗視装置には「微光増幅式」と「熱感知式」がある。微光増幅式はスターライト・スコープという別名の示すように、星明かりのようなわずかな光でさえ増幅する機能がある。洞窟の内部や停電した室内のような真っ暗闇では使えないが、野外ではかなり鮮明に標的を視認できる。

熱感知式は対象の発する熱を色のグラデーションによって表すもので、細かいディテールを判別することは難しい。反面、茂みの向こうに隠れた相手でも熱を感知して発見できるし、建物の中に人がいるのかどうかということも、暖房や厨房機器の熱を見ることで判断できるという特徴がある。

スナイパーが使用する暗視装置は、スコープの対物レンズ前方に配置するタイプのものが一般的だ。この方式だとスコープをそのまま使うことができるし、昼間や明るい場所では外しておくこともできる。

こうした暗視装置は正確な狙撃を行うためには必要な装備であるが、同じくらい重要な使い道に「監視」がある。スナイパーは標的の状態を正確に把握するために、状況に応じた暗視装置を使いこなすことが要求される。ミリタリー・スナイパーであれば標的やその周辺の状況を偵察するという任務が与えられているパターンが多いし、ポリス・スナイパーの場合も交渉や実力行使のために正確な情報が不可欠だ。

監視に割かれる時間は非常に長くなることが多いので、バッテリーの予備は十分に用意しておく必要がある。暗視装置はスコープと違って望遠鏡としては使えないため、電池が切れたら荷物にしかならないからだ。

狙撃用暗視装置

暗視装置は「見えないものが見えてくる」便利な道具。
これを使わないのはもったいない。

暗視装置の種類　（作動には電源（バッテリー）を必要とする）

光増幅式　＝わずかな光を増幅する。

長所：画質が比較的キレイ
短所：光の全くないところでは使えない。

熱感知式　＝対象の発する熱を映像化する。

長所：隠れているものも判別できる。
短所：細かいディテールはわからない。

夜間や暗所の狙撃に便利なのはもちろんだが……

標的やその周辺の環境を監視するのに非常に便利。
現在のスナイパーには必須のアイテム。

バッテリー切れだけは注意しなければならない。
映らない暗視装置など、ただの「荷物」である。

ワンポイント雑学

「スターライト・スコープ」に対し、熱感知式の暗視装置は「サーマルビジョン」と呼ばれる。

No.046

ギリースーツの役割は？

野戦における狙撃兵のスタイルといえば「ギリースーツ」が定番である。木の葉や小枝で全身が覆われたこのスーツは人間の輪郭を崩して判別できなくする効果があり、遠目には藪や茂みが蠢いているようにしか見えない。

●スナイパー専用偽装服

狙撃という行為が基本的には不意打ちである以上、引き金を引く前に見つかってしまったのでは標的をヒットすることは難しい。またターゲットを射程内に収めるため厳重な敵の警戒をかいくぐる必要があるときなど、その目を欺き存在を気付かなくさせる“偽装”が重要になる。

ギリースーツとは野外における偽装を極限まで追求した野戦服の一種で、着込んで地面に寝そべると人間がいることさえわからなくなる。この状態で匍匐前進を行って目標に近付けば、発見される可能性はぐんと低下する。

偽装を徹底することによって狙撃の成功率が劇的に向上することが常識となった現代では、最初から完成形としての「ギリースーツ」も入手することも可能だが、今でも昔ながらのやり方でギリースーツを自作するスナイパーも多い。すなわち迷彩服に偽装用のネットを縫い付け、ちぎったパラシュートの帆布や現地で採取した草木や小枝などをくくりつけるのだ。

手間のかかる作業のようにも思えるが、自分の命がかかっている作業を面倒くさがるスナイパーなどいない。そもそもスーツの作成は狙撃に取りかかる遙か以前に行われるものだし、それなりに時間をかけることだって不可能ではない。現地の植生に合わせた偽装を施すなど、工夫した分だけ狙撃の成功率もアップすることになる。

ギリースーツを着用する最大の利点は、その迷彩効果が“立体的”ということである。迷彩服によってもたらされる偽装効果は布地に施されたプリントによってもたらされるが、結局のところ二次元的なものにすぎない。ギリースーツの場合、それが人工的なものであれ現地調達したものであれ、全身にまとわりついた立体的な茂みが微妙な陰影を生み出すことによって、より偽装効果を高める結果となっているのだ。

ギリースーツとは……

ギリースーツとは……
野外における偽装を極限まで追求した野戦服の一種。

多くの狙撃兵はギリースーツを手作りする。その場の環境に合わせたもののほうが、狙撃の成功率を上げることができるからだ。

狙撃の基本は「不意打ち」

標的に見つからず初弾を撃つためには見つからない工夫が必要。

「ギリースーツ」を使って偽装効果をアップさせよう！

・服の上から草木や枝を張り付け人間のシルエットを崩す。
・肌が出る部分はペイントしたり泥を塗ったりする。
・ライフルにも布を巻き付けて偽装する。

その最大の利点は……

取り付けた枝葉の立体的な陰影が偽装効果を三次元的に高めること。

ワンポイント雑学

狙撃銃を偽装する場合、銃身には布や枝葉などをつけないか、つけても最小限度にとどめるべきとされる。銃身にかかる負荷が遠距離狙撃の精度に影響を及ぼす可能性があるからだ。

No.047

狙撃時にはどんな服装がふさわしい？

スナイパーはライフルについては精度の高いものを選んだり、特殊なやり方でカスタマイズしたりする。しかし身につける被服や装備品については特別製のものというわけではなく、一般の兵士や隊員のものとあまり違わない。

●理想のスタイル

スナイパーに限らず、果たすべき役割を持つ人々にはそれぞれふさわしい格好というものがある。パイロットの着込んでいる「飛行服」は航空機を操縦しやすいよう考慮された設計になっているし、特殊部隊の人たちが使っている装備や被服も彼らの戦闘力を十分に発揮できるよう考え抜かれている。

スナイパーの仕事の多くはスナイパーライフルによって達成されるが、身につけるものが影響を及ぼさないというわけではない。「ギリースーツ」などはその筆頭格で、周囲に“認識されない”ことによって自身の安全を確保することができ、相対的に狙撃の成功率を上げることにつながっている。

しかし装備品メーカーはこうしたスナイパー専用装備品の開発に熱心ではない。これはスナイパーの数が少ないということもあるが、どんなものが理想なのかという基準を決めにくいということが大きい。極論ではあるが、スナイパー本人がその格好をすることで精神的にリラックスでき、姿勢や筋肉などに不要な負荷を与えるものでなければ、アルマーニのスーツであろうがアキハバラのメイド服であろうが、それが一番ということなのだ。

もちろん、狙撃が行われる環境にふさわしいスタイルというものが存在するのも間違いのない事実ではある。野山に潜んで狙撃するのに、いくら“この格好でいるときが一番弾が当たるんだ”といっても、真っ白のスーツを着ていったのではいろいろなものを台無しにすることになる。

スナイパーが留意しておかねばならないのは、理想のスタイルで撃った場合と、任務に必要な格好——ギリースーツを纏い、手袋をはめ、暗視装置を通してスコープを覗いた状態で撃った場合には、わずかながら違いが生じるということである。両者にどれくらいの差異があるのかを客観的に把握した上で、その隙間を修正しなければ狙撃は成功しない。

狙撃時の服装

狙撃をするのにもふさわしい服装というものがある。

理想は狙撃の際にリラックスできて、姿勢や筋肉などに負荷のかからない服装。

こうした問題がクリアできるのであれば理論上、どんな服装をしていても問題ない。

ただし「環境」に合わせた配慮は必要。

都市部で「スーツ」なら問題ないが山間部で「着物」は問題あり……かも？

自分の「一番」のスタイルと必要な配慮を施したスタイルとのすり合わせが必要になる。

ワンポイント雑学

狙撃兵はヘルメットやボディアーマーなどは身につけないことが多い。これは防弾効果よりも敵から“隠れる”ことを優先しているからだ。また伏せるときに邪魔なので、胸や腹の部分には装備を付けない。

No.048

狙撃銃にサイレンサーをつける理由とは?

スナイパーは状況に応じて、自分の狙撃銃に「サイレンサー(消音器)」を装着する。サプレッサー(減音器)と呼ばれることもあるこの装備は、スナイパーの位置を周囲から隠してくれるという効果がある。

●自らの居場所を隠す

サイレンサーは銃口に取り付ける筒状のオプションパーツで、弾丸が飛んでいく際の衝撃波を減少させることによって発砲時の轟音を低減させる効果がある。撃ったときの音が小さければこちらの居場所を特定されにくくなるため、スナイパーは好んで自分の銃にサイレンサーを装着する。

サイレンサーには銃口から発生する火花や煙をおさえる効果もある。発射時の閃光や発砲煙は遠くからでも非常に目立ち、スナイパーの居場所をわかりやすくしてしまう。特に煙というものは風が吹かない限りしばらくその場に漂ってしまうため、それらを抑制できるメリットは大きい。

ミリタリー・スナイパーなどは任務で遠距離狙撃を行うことが多いが、音速を約340m/s(1秒間で約340m進む)とした場合、500mや1kmといった距離の狙撃で「着弾したあとに銃声が聞こえる」といった現象が発生する。

こうしたケースにおいては、音をおさえることにこだわってもあまり意味がない。またサイレンサーを装着することによって微妙な弾道のブレが生じる可能性もゼロではないため、サイレンサーを使うかどうかは標的との距離や自分が隠れている場所、気象条件などを総合的に判断して決定する。

近〜中距離での狙撃が多いポリス・スナイパーの場合、サイレンサーの装着によるメリットは、デメリットよりも大きくなる。特に立てこもり事件などで複数の犯人が人質を取っているような状況では、最初の銃声が犯人やその仲間を興奮させてしまう可能性がある。全員を同時に無力化できる確信がないならばポリス・スナイパーの仕事はバレるのが遅いほどいい。

ミリタリー・スナイパーの仕事と違い、標的の仲間が怒り狂って撃ち返してくるような可能性は少ないが、自分の居場所が標的に知られる可能性が低いということは射手の精神安定といった意味でもメリットが大きいのだ。

サイレンサーの効果

ライフルにサイレンサーをつけると……

発砲炎（光）をおさえる
発砲煙（色）をおさえる
衝撃波（音）をおさえる

＝ 発射位置を特定されにくくなる。

どんな状況であれ「自分の居場所が特定されにくい」というのは大きなメリットなので、サイレンサーを使わない理由がない。

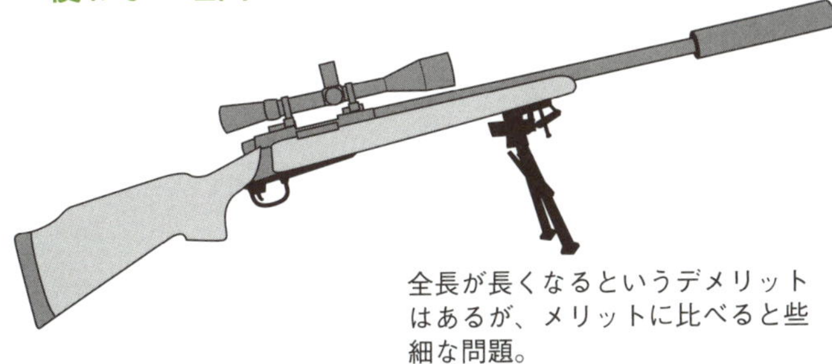

全長が長くなるというデメリットはあるが、メリットに比べると些細な問題。

消音（減音）効果を最大限に発揮するためには弾速が速すぎるとダメなので、それを音速以下におさえる「亜音速弾」と組み合わせて使用する必要があるが、亜音速弾は射程や威力も低減してしまうので遠距離狙撃には向いていない。しかしその分、近～中距離での効果は絶大である。

ワンポイント雑学

犯罪者としての狙撃手は、市民からも身を隠さなければならない（ビルの屋上から狙撃した場合、発砲音に驚いた人たちが集まってしまうと逃走できなくなってしまう）ため、サイレンサーは必須といえる。

No.049

スナイパーは拳銃を忘れるな？

スナイパーにとっての最大の武器は当然「スナイパーライフル」であるが、落ち着いて狙い撃つための設計なので派手なガンファイトには向いていない。とっさの場合にはやはり、小型で扱いやすい銃のほうが有利なのだ。

●接近してきた敵に対応

スナイパーは狙撃中の無防備な瞬間を敵に襲われたりしないよう、細心の注意を払っている。人員に余裕があれば2人～3人でチームを作り、着弾の確認や周囲の警戒を分担するのが一般的だ。

しかしどんなに注意していてもほころびは生じるもので、気がつかないうちに敵の接近を許してしまうケースもある。何らかの理由によって「単独での狙撃」を強いられている状態だったとしたらなおさらだ。

スナイパーは狙いを確実にするため地面に伏せていたり、完全に腰を下ろしていたりすることが多い。さらにスナイパーライフルは長くて重量もそれなりにあるので、側面や背後から襲いかかってくる敵に素早く対応することが難しい。偽装のために穴を掘っていたり、身を隠すための遮蔽物が近くにある状況では、その欠点はさらに顕著になる。

拳銃を持っていれば地面に寝転んだままでも最低限の反撃は可能になる。長いライフルを右へ左へと振り回すよりも現実的だ。“確実に作動する”という意味ではリボルバーのほうが信頼できるが、敵に囲まれた状況では装弾数が多く素早い弾倉交換が可能なオート・ピストルのほうが有利といえる。

また拳銃は威力の点で非力であるため、フルオート射撃で弾幕を張ることのできる短機関銃を携帯する者も少なくない。第二次世界大戦においてスナイパーとして名をはせたフィンランドのシモ・ヘイへは短機関銃の名手でもあり、多くの敵兵を葬っている。

拳銃を携帯する理由の中で、大きな割合ではないが見過ごせないのが「自決用」としての存在である。スナイパーは例外なく敵から忌み嫌われているため、捕らえられたら人間扱いされない。拷問の末に殺されるくらいなら人生の幕引きは自分の手で……と思う者がいるのは仕方のないことだろう。

拳銃を持つ理由

いくら注意をしていても、

・集中力の途切れた隙を突いて……
・多勢に無勢の勢いで……

敵はいつの間にか近付いてくる。

何らかの理由で「単独での狙撃」をしている場合はさらにピンチ！

(ライフル以外の)予備の武器を忘れるな！

・スナイパーライフルは銃身が長いので素早く取り回せない。
・銃に込めておける弾数が少ない(5〜10発程度)。

予備の武器には「拳銃」や「短機関銃」がふさわしい。

・コンパクトなので接近戦に有利。
・持ち運べる弾数が多い。
・短機関銃の「フルオート射撃」はとても頼もしい。

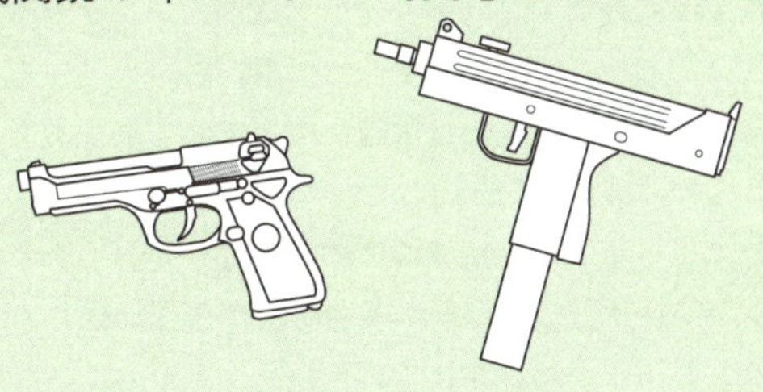

ワンポイント雑学

狙撃用のメインウェポンにボルトアクションライフル（操作に両手が必要で、しかも連発できない）を使っている場合、片手で連発できる拳銃や短機関銃を用意しておく意味は非常に大きくなる。

No.050

スナイパーに予備弾倉は必要ない？

スナイパーの信条は「一発必中」である。標的を一撃でしとめることができるのならば多くの弾は必要ない。連発銃が登場して着脱可能な箱形弾倉が普及するようになっても、狙撃銃の弾倉は固定式のものが一般的だった。

●大量の弾を必要とする仕事ではない

第二次世界大戦の頃には敵味方を問わず各国の軍にスナイパーは存在したが、当時の遠距離を狙えるライフルは弾倉が銃と一体化しており着脱することができなかった。こうした固定弾倉式の銃に弾を込める場合、ボルトハンドル（弾薬の装填や空薬莢の排出を行う部品）を引いて弾の入る薬室を開き、そこから1発ずつ押し込むのだが、一般的には5発程度の弾をまとめた「クリップ」という部品を使う。クリップをガイドにして押し込むことで一気に複数の弾を装填できるのだ。

だが1発撃つごとに場所を移動するようなことの多い狙撃手の場合、1発撃ったら1発補充するようにして常に弾倉が満タンになっているほうが都合がよいので、クリップを使用しないことも多い。注意しなければならないのは、クリップを使うにしろバラ弾を持ち歩くにしろ、ポケットやポーチの中で弾がジャラジャラ音を立てないようにする必要があるということだ。

ポリス・スナイパーの場合、標的が比較的近い（100～200m程度）こともあり狙いを外す可能性は少ないように思えるが、ターゲットが複数だったり人質がいたりなどといった厳しい条件での狙撃も多い。こうした状況に対応するため連発（セミオート）式の狙撃銃を使っている部隊も多い。セミオート狙撃銃のほとんどは弾倉式なので、この場合は予備弾倉が必要になる。

ただし警察組織の狙撃において「全ての狙撃が1人のスナイパーによって行われる」ような作戦はやむを得ない特別な事情がない限り行われず、基本的には複数のスナイパーが配置されてお互いをフォローする。単独の立てこもり犯に対して、2人や4人のスナイパーが同時に狙いをつけているようなことも珍しくない。必然的に1人のスナイパーが必要とする弾も少なくなるため、そういった意味で予備弾倉を携帯しないというケースもある。

スナイパーライフルの予備弾倉

狙撃に必要なのは「長射程」と「大威力」なので……

・昔ながらのボルトアクションライフルで十分。
・フルオート機能も必要ない。

狙撃に用いられるライフルには
もともと予備弾倉を積極的に使うものが少なかった。

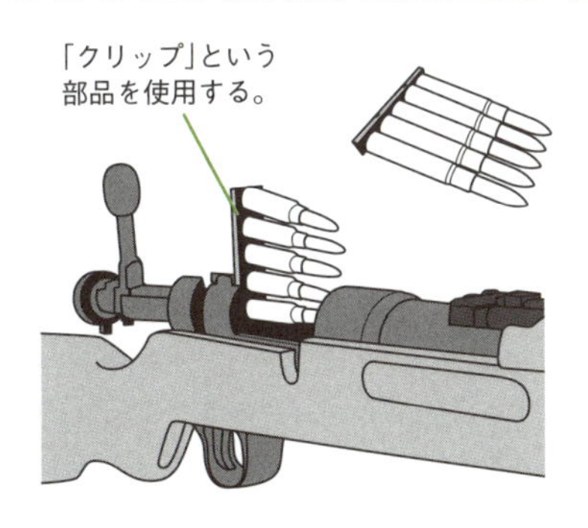
「クリップ」という
部品を使用する。

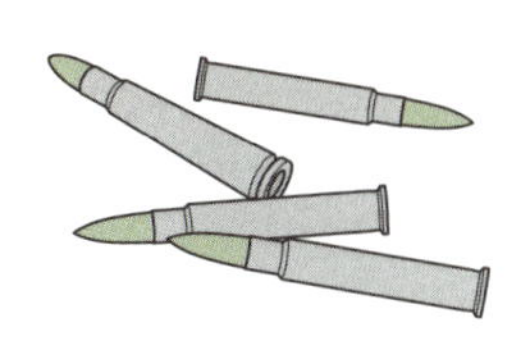
バラ弾を持ち運ぶ場合は
ジャラジャラ音を立てな
いように注意！

警察の狙撃部隊の場合

不測の事態に対応できるよう
「セミオート式」のライフルを
使用しているケースも多い。

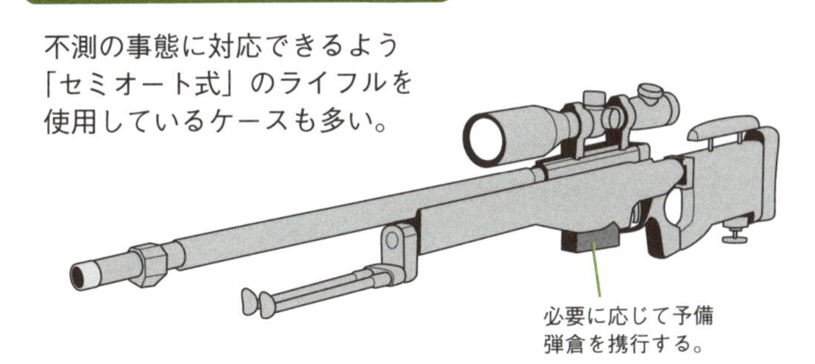
必要に応じて予備
弾倉を携行する。

ワンポイント雑学

一般的な狙撃銃の装弾数は5発前後のものが多いが、アサルトライフルやバトルライフルをベースとする狙撃銃は20発とか30発の弾を連発できる。

No.051

スナイパーは他人に銃を触らせない？

スナイパーは自分のライフルの保守・管理に関してとても神経質である。考えてみれば当然のことで、どんなに準備して標的をスコープに捉えても、弾が変な方向に飛んでいったり不発だったりしては元も子もないからだ。

●万が一が起きないように

スナイパーにとってライフルは大切な存在である。テニスプレイヤーにとってのラケットや演奏家にとっての楽器と同様、大事な商売道具であるとともに、自分や仲間の命を左右する戦友ともいえる。

彼らは暴発を起こしたり、弾が狙った以外の場所に当たったりしないようにといった「安全な取り扱いの方法」は当然のこと、迅速確実な分解・組み立て、効率的な整備の方法、スムーズな装填や排莢の動作、安定した狙撃姿勢やスリング（負い紐）の使い方、照準調整の方法など、自分のライフルに関するあらゆる物事に精通している。

同じタイプのライフルならば、それを手にした時点で行われていた様々なセッティングをいったんゼロの状態に戻して、あらためて自分に適した状態に調整しなおすこともできる。そしてこの状態を維持することに心を砕く。

他人が不用意にライフルを触ってその状態を崩してしまうと、最初から調整をやりなおさなければならない。専門の道具を用いるようなケースでは現場での再調整が難しい場合もあり、また細かい照準の狂いなどは実際に撃ってみなければ気がつかないこともある。銃身をぶっつけられてしまったりすると、大事な銃に取り返しがつかないダメージが残ってしまうことになる。そのためスナイパーたちは、他人に自分の銃を触られることを嫌うのだ。

狙撃にはその日の気温や湿度、風の強さなどのような、人間の意志ではどうにもならない環境的な要因が多い。さらに標的が動いていたり、よく見えなかったりといったことだってある。そうしたイレギュラーな要素に対する調整を行う際、ライフルの状態などというような“スナイパー自身の努力で何とかなる部分”くらいは常に一定の状態をキープしておかないと、何を調整していいのかわからなくなってしまうのである。

オレの銃に触れるな

普通の人とスナイパーの感覚には大きな溝がある。

何でそんなに怒ってんの？　目盛りがずれたんなら、また合わせればいいじゃん！　ちょっと神経質すぎるよ。

神経質だと？　不確定要素を排除するための努力を神経質というのか？　任務達成のために行動するのがなぜいけない？

……まるで話がかみ合わない。

ライフルの保守・管理は狙撃の成否に直接関わる。

気を使って使いすぎることはない。

自分の命を左右することだってある。

↓

最初から他人に触らせないのが一番だ。

ワンポイント雑学

スナイパーは自分の仕事の成否が“道具の状態”に大きく影響されることを知っている。しかしほかの人間は「スナイパーの仕事はスナイパー自身の能力によって達成される」と思っているので、衝突の原因となる。

狙撃と関わりの深い「事件」

状況に変化をもたらす方法として重要人物の排除を選択し、その直接的手段として“狙撃”が用いられるケースは多いが、この種の事件で非常に大きなインパクトを残したのが1963年の「ケネディ大統領暗殺事件」だろう。テキサス州ダラスで遊説中のアメリカ35代大統領ジョン・F・ケネディが、パレードの最中に撃ち殺されたのだ。犯人とされるリー・ハーヴェイ・オズワルドは逮捕されたあとでジャック・ルビーという男に射殺されてしまい、そのルビーも4年後に獄死している。事件後の調査にも不可解な点があり、陰謀説も囁かれた（いくつかの証拠は現在も非公開の状態である）。日本では銃規制が厳しいため要人狙撃事件は起こりにくいが、それでも1995年に「国松警察庁長官狙撃事件」が発生している。長官は無事だったものの犯人は発見されず、2010年に時効を迎えている。現場の状況や回収された弾丸から凶器は拳銃と推測され（ただしその拳銃は発見されていない）、狙撃距離は20m程度だった。

狙撃すること自体には深い理由がない場合もある。1966年の「テキサスタワー乱射事件」がその典型だ。元海兵隊員でテキサス大学の院生チャールズ・ホイットマンは構内の時計塔に6丁の銃と600発以上の弾薬、食料と水、トイレ紙、燃料缶、ロープ、ラジオ、双眼鏡などを持ち込んで占拠、2人の警官に射殺されるまでの1時間半で15人を射殺し31人を負傷させた。警察は28階（地上90m以上）からの銃撃に対処できず、後に特殊部隊「SWAT」が設立されるきっかけとなった。銃の乱射事件はそのあとも何度か起きているが、事件が解決するまで犯人の場所がわからなかったのが2002年の「ワシントンDC連続狙撃事件」である。3週間の間に13件、13人の死者・重傷者を出したこの事件は、銃眼をあけて外を狙撃できるようトランクを改造した車から行われた。“精神を病んだ白人”を犯人像としてあげていたマスコミの論調に反し、実際に逮捕された犯人は黒人の2人組（元陸軍軍曹とその義理の息子）だった。

重大事件を狙撃によって解決しようとした事例もある。1970年の「瀬戸内シージャック事件」ではスナイパーが犯人を射殺して終わるというドラマのような結末となった。加熱した報道合戦が犯人を刺激し人質が危険になったからだ。事件後に人権派の弁護士が警察の狙撃手を告発（後に無罪）したことから、警察が発砲に慎重になったり、誰の弾が致命傷になったかわからないよう複数で同時に撃つようになった。1972年の「ミュンヘンオリンピック事件」では選手団を人質にとったテロリスト達を狙撃で一網打尽にしようとした。しかし狙撃のノウハウを持つ軍の部隊は法の制限で事件に関与することができず、警察には経験と装備が不足していたため、人質全員が死亡する悲劇となった。この教訓はテロ対処部隊「GSG－9」の創設や、警察用の高性能狙撃銃の開発につながっている。

第3章
スナイパーの技術

No.052

狙撃をする上でおさえるべき基本要素は？

狙撃とはスナイパーが現場に行って撃てばそれで完了というものではなく、非常にデリケートで専門的な作業である。段取りを踏んで様々な準備を整え、条件が満たされたと確信した上で、ようやく引き金を引くのである。

●準備しておくこと

スナイパーが事前に考えておくべき事柄は多岐にわたる。まずはライフルに関すること、とりわけ照準の調整――「ゼロイン」が終わっているかの確認だ。特にスコープを使う際には必須であり、可能であれば100m程度の距離で行ったあと、200m、300m、400mと徐々に距離を伸ばしていくとよい。使用する弾薬が、これから行おうとする狙撃にマッチしているかもチェックしておきたい。引き金は事前に空撃ちをして重さを覚えておく。

ライフルの次はスナイパー自身についてだ。正しい姿勢で銃を構えているかを確認するには、まず標的を照準した状態で目を閉じて10秒数え、数回呼吸したあとに目を開ける。そのときスコープやサイトの位置が狙った場所から動いていなければOKだ。マスター・アイが右目になっているか確かめ、左目は閉じない。スコープの映像が揺れるようなら呼吸で調整する。肺に空気が70％の状態――リラックスした状態から肺の空気を30％ほど吐き出したくらいで息を止め、酸欠を起こす前（約10秒以内）に照準を合わせて撃つ。

周囲の環境についての確認も怠ってはならない。標的までの距離は命中率に直接影響するので可能な限り正確に計測する。上下の角度がつくようならその計算も行う必要がある。400mを超える狙撃の場合、風の向きや強さも重要になってくる。弾薬の諸元表からは「何mの距離を飛んだ時点で何cmくらい弾が落ちるのか」を読み取れるので、それを基本に温度や湿度などの影響を考慮しつつ照準調整ノブを動かす。

狙撃位置の決定については当然のこと、ほかにも護衛や警戒部隊が存在するか、脱出路は確保できているかなど、生き延びるために重要な事柄はたくさんある。それらの確認や準備が不十分だと思ったならば、撃つチャンスがあっても次の機会を待つのが原則である。

狙撃の際に必要な「段取り」

狙撃をするのにもそれなりの準備が必要である。
以下の項目をチェックしよう。

銃について ※ 必要な整備をしていることは大前提！

・「ゼロイン」は終わっているか？
・使用弾薬の種類と特性は把握しているか？

自身について ※ 体調管理が万全であることは大前提！

・姿勢がぶれていないか？
・呼吸は乱れていないか？

環境について ※ 可能であれば「下見」をしておきたい……。

・標的までの距離はわかっているか？
・上下の角度はどれくらいか？
・風はどの方向にどれくらいの強さで吹いているか？
・温度や湿度はどのくらいか？

周囲の危険度や脱出ルートを確保できているかなどの確認も重要な要素である。

準備が済んでいなければ、たとえ標的が姿を見せても「撃たずに見逃す」ことだってある。

ワンポイント雑学

「狙撃手」「観測手」「周辺監視要員」など2～3人のチームで狙撃を行う場合、事前の準備を分担して行うケースも多い。しかし最終的に“狙撃GO！”の判断を下すのは、リーダーたる「狙撃手」である。

No.053

狙撃姿勢をとる際のポイントは？

狙撃を行う際に重要とされるのは、ライフルをしっかりと保持することだ。狙撃姿勢には様々なバリエーションがあるが、スナイパーはどんな姿勢で撃ったとしても正確に撃つ技術を身につけていなければならない。

●銃を体の一部にする

狙撃の際に用いられる姿勢は様々だ。地面に伏せて撃つ「伏射（ふくしゃ）（プローン）」、膝を立てて撃つ「膝射（しっしゃ）（ニーリング）」、立った状態で撃つ「立射（りっしゃ）（スタンディング）」、腰を下ろした状態で撃つ「座射（ざしゃ）（シッティング）」などといった種類があるが、どんな姿勢をとっている場合でも“ライフルと射手の位置関係を常に同じ状態に保つ”という基本原則は共通である。

グリップを握る手、引き金にかかる指、ストックに当たる肩の高さと頬付けの位置、こうした諸々の要素が撃つたびに変化してしまうようでは、遠距離狙撃の成功など望めない。土台がぐらぐらしていたのでは、どんなにライフル自身の命中精度が高くても意味がなくなってしまう。

ライフルはスナイパーの肉体の延長線上にあるべきで、視線の先――照準点に自然と銃口が向くような状態が理想的だ。ライフルをしっかり支えようと肩付けや頬付けが強すぎると逆に安定性は低下してしまうので、リラックスして余分な力を抜くことによって筋肉の強ばりをほぐすとよい。ライフルを筋肉で支えようとすると長時間同じ態勢でいることがつらくなるので、骨格で支えるようにするのがポイントだ。

土台を安定させるという観点から考えれば、射手と地面が接している部分も重要である。狙撃姿勢は立射や膝射のように銃が地面から離れているほど不安定になるため、足場の確保が難しい状態では別の射撃姿勢を選択すべきである。大きな岩や地面の溝、室内であればテーブルや物入れなどの家具は、ライフルを安定させる架台として使うことができる。しかしそれを使おうとした際に深く腰を曲げたり大きく足を開くなど無理な姿勢をとらなければならないのなら、それは架台としてふさわしくないと考えるべきである。不自然な姿勢はそれを維持する努力が必要になり、狙撃の失敗につながるからだ。

狙撃姿勢における基本原則

射撃姿勢はその場の環境に合わせるのがセオリー

- 地面に伏せる安定性の高い「伏射」
- 様々に応用の利く姿勢である「膝射」
- すぐに移動や回避行動のとれる「立射」

……など。

各姿勢に共通する原則は以下の通り。

ストックに適度に
頬付けする。
握りが強すぎるとかえって
安定しない。
ストックを肩に
しっかり当てる
(強すぎてはな
らない)。
引き金にかける肩、頬、指が撃つたびに
ずれない（常に同じ位置にくる）ように
する。
ライフルは筋肉で
なく骨格で支える。

ライフルは「肉体の延長」であり、体の一部として使う。

できる限り自然な姿勢で

不自然な姿勢であればその維持に余計な力が必要となり、それにより起こる筋肉の緊張や疲労が失敗につながる。

ワンポイント雑学

「不自然な姿勢」や「肉体にかかる余計な負荷」は筋肉内に乳酸が蓄積されてしまうため、その部分に小刻みな痙攣を引き起こす原因となる。

No.054

一番安定する射撃姿勢は？

地面や床に伏せた状態で射撃することを「伏射」という。狙撃姿勢の中では最も安定している反面、素早い動きをすることはできないが、敵に発見されやすい大きな動きを嫌うスナイパーにとっては基本姿勢ともいえる。

●伏射による狙撃

伏射（ふくしゃ）（プローン）は接地面積が多いため非常に安定した姿勢といえる。この姿勢で狙撃をしようとした場合、2つの利点が生まれる。一つはライフルの命中精度がアップするということだ。

伏射以外の姿勢では「体を安定させる」「ライフルを支える」といったことを同時に行わなければならないが、地面に伏せてしまえば体の安定については考える必要がない。考えることが少なくなれば、それだけ標的を狙い撃つのに集中できるというわけだ。銃のサイズや重量が大きく抱えて撃つには無理がある対物狙撃銃を使う場合、この利点が大きく生きてくる。

もう一つは自身の安全面についてである。戦場の兵士が匍匐（ほふく）前進をすることからもわかるように、地面に伏せていれば敵に見つかったり敵の攻撃に当たる確率を格段に減らすことができる。スナイパーが“仕事”をしたあとは報復射撃が（こちらの場所がわからなかったとしてもあてずっぽうで）行われるケースが多く、姿勢が低ければ被弾する危険を少なくできる。

伏射は多くの面で狙撃と相性のよい射撃姿勢だが、気をつけなければならない点もある。地面に伏せるにはそれなりのスペースが必要なので、狭い場所ではこの姿勢をとることができないのだ。剥き出しの岩場やガラス片の散乱している床などではマットのようなものが必要になるし、濡れた場所に長時間伏せていると体温を奪われて狙撃どころではなくなってしまう。

また、伏射の姿勢をとっている間は首を動かせる範囲が限られてしまうため、まともに後方や上方を見ることができなくなる。複数の射手でお互いの死角をカバーしながら任務につくポリス・スナイパーや、観測手（スポッター）と2人でチームを組んで任務についている場合は問題ないが、単独で行動するスナイパーの場合は十分な安全確認をする必要がある。

プローン・ポジション

地面に伏せて撃つことを「伏射」という

プローン

人体の構造上、上を向くことができないので
頭上の確認がむずかしくなる。
両足は広げて
安定させる。
手はライフルを握るの
ではなく支えるだけ。

二脚

荷物や砂袋

大型のライフルでも地面に置けば
安定しやすい。

プローンの特徴

- 命中精度を向上させることができる。
- 射手の安全性が高まる。

- ある程度のスペースが必要。
- 周囲の確認が難しくなる。

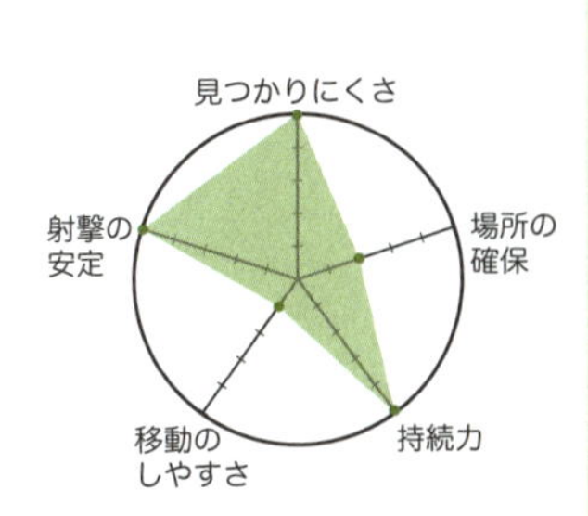

動きは制約されるが、大きく動かないと当たらない標的は普通はやりすごす（狙わない）ので問題ない。

ワンポイント雑学

室内から窓の外を狙う場合、窓枠の位置が高いとこの姿勢はとりにくい。しかしダイニング用の大きなテーブルを持ってくれば、その上に寝そべって外を狙うことができる。

No.055

立て膝での狙撃は汎用性が高い？

片方の膝をついて立て膝の状態で射撃することを「膝射」という。よく似た射撃姿勢に座って撃つ「座射」があるが、完全に座り込んでしまわず、お尻を直接地面にくっけない点が異なっている。

●膝射による狙撃

膝射（しっしゃ）（ニーリング）は地面に伏せて撃つ伏射（ふくしゃ）と同様、伝統的な射撃姿勢といえる。右手で引き金を引くとして、ライフルを支える左腕の肘を左足の膝にのせて支えることによって銃の重みを脚に逃がすことができる。

また銃を全身を使って支えることになるため安定性が高く、伏射に比べて上体が起きているので首の動きが妨げられず、視界が正面に固定されてしまうことがないのが特徴だ。

伏射のような“バツグンの安定性”は望めないが、立って撃つよりは格段に安定するため、伏射のできない状況で多用される。また伏射や座射（ざしゃ）は素早い動きができないが、膝射は地面に膝をついているだけなので立ち上がったり移動したりがしやすい。

これはこちらの位置が相手に知られている可能性があるときや、部隊と共に移動しながら狙撃をする必要があるときなどに重要になる。膝射は素早く構えて移動できる反面、伏射や座射よりも姿勢が高い分だけ敵に発見されやすく、撃たれた際も被弾してしまう確率がそれなりにあるため、そうした点を考慮して射撃位置やタイミングを考える必要がある。

膝射の姿勢は障害物を利用して射撃する際にも応用がきく。伏射の際には地面の溝や倒木といった「地面近くにある低いもの」しか遮蔽物として利用できないが、膝射では銃を構える位置が地面から離れている分だけ選択の幅が広がり、建物の壁や塀、扉や家具などといった様々なものを遮蔽物として利用することが可能になる。

これらのものは単に遮蔽物として利用することもできるが、ライフルをのせたり体の一部をもたせかけたりするなど、射撃の安定性を向上させるために使うこともできる。

ニーリング・ポジション

立て膝の状態で撃つことを「膝射」という

ニーリング

頭の位置が高いので周囲の確認がしやすい（ただし敵にも見つかりやすい）。
遮蔽物にライフルをのせ安定させてもよい。
お尻は脚や踵の上にのせる。
肘を膝の上にのせ安定させる。

ニーリングの特徴

・「位置を変えながらの狙撃」に向いている。
・周囲の状況を把握しやすい。

・プローンほどの安定性はない。
・スタンディングほど自由には動けない。

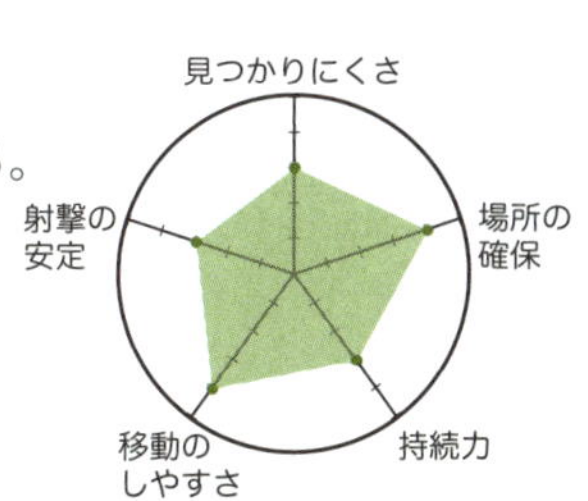

いわゆる中間姿勢で動きの自由度が高く
遮蔽物の選択肢も豊富にある。

ワンポイント雑学

ニーリングのコツは上半身と下半身でそれぞれ「三角形」を作り、それを組み合わせることによってライフルを安定させる土台にすることである。

No.056

立ったままでの狙撃は不安定？

足を広げてまっすぐ立った状態で射撃することを「立射」という。腰を下ろしたり地面に寝そべったりしないので、撃ったあとにすぐ移動できるという利点があるが、非常に目立つ上に銃を構えたときの安定もあまりよくない。

●立射による狙撃

立射（りっしゃ）（スタンディング）とはその名の通り、立ってライフルを構えるスタイルだ。伏射（ふくしゃ）や膝射（しっしゃ）などに比べて敵に対して身をさらしている部分が大きいため、飛んでくる弾に当たりやすいという特徴がある。また姿勢が高いということは、遠くからでも発見されやすいということでもある。

射撃競技会などでは基本ともいえるスタイルだが、姿を隠して標的を狙い撃つという狙撃にはあまり向いているとはいえない。したがってこの姿勢を用いるのは、建物の中から狙撃する場合や、車両や岩などといった遮蔽物がある場合が多い。

立射の姿勢は、ライフルの重量を腕や肩などの上半身だけで支えなければならない。そのため二脚を使用してライフルを地面に置くことのできる伏射や、ライフルを支える腕を膝や太ももの上に乗せることができる膝射や座射などに比べると、どうしても銃を構えたときのバランスが不安定になってしまう。さらにスナイパーライフルの長い銃身は横風に影響を受けやすいといった問題があり、立射のときはその傾向がさらに大きくなる。こうした問題を解決する手っ取り早いやり方に、建物の壁や室内の家具、幹の太い木などを支えにする方法がある。

狙撃の際に用いる姿勢としては欠点の多いともいえるスタイルだが、それでも立射の姿勢を選択する利点は存在する。立射は次の行動に移る際に、最も素早くできる射撃姿勢だからである。

その場から移動したり身を隠したりする場合でも、立射からであれば時間をかけずに行うことができる。市街地や廃墟、森林地帯といった比較的建物や遮蔽物が多い場所であれば、立射や膝射をメインに場所を移動しながら狙撃をするということもできるのだ。

スタンディング・ポジション

地面に立ったまま撃つことを「立射」という

スタンディング
体は標的に対して
横向きになる。
重くて長いライフルを
支えるのは少し大変。
壁や窓枠などを
支えにしてもOK。
足は肩幅よりも開く。

スタンディングの特徴

・次の行動に素早く移れる。
・建物内からの狙撃によく用いられる。

・不安定なので横風の影響を大きく受ける。
・遠くからでも非常に目立つ。

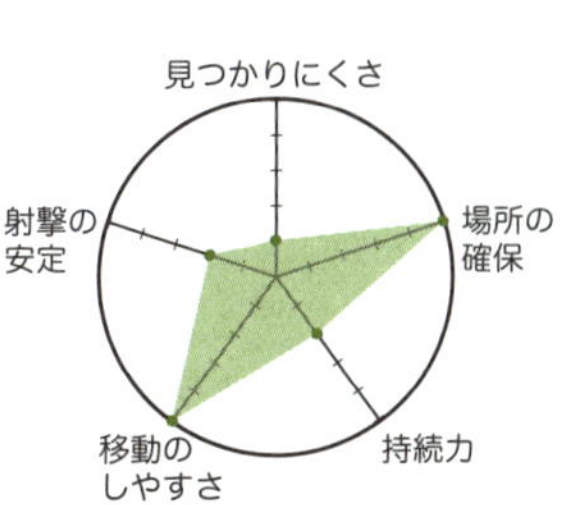
見つかりにくさ
場所の
確保
持続力
移動の
しやすさ
射撃の
安定

不利な面の目立つ姿勢だが、地形や遮蔽物の状況によってはこの姿勢でないとダメなケースも多い。

ワンポイント雑学

射手への負担が大きいため長時間の待ち伏せには向かないが、待機場所が「ビルの屋上」や「マンションのベランダ」だったりした場合、この姿勢で狙撃が行われるケースも少なくない。

No.057

地面に座り込んで狙撃をする？

地面に座り込んで射撃することを「座射」という。膝をついて行う「膝射」のバリエーションともいえる射撃姿勢であるが、膝射よりも低く安定性があるため、長時間の監視や待機に向いている。

●座射による狙撃

座射（ざしゃ）（シッティング）は一見“休んでいる”姿勢にも見えなくないため、パッと見のわかりやすさを重視する映画やコミック作品——特に昔の作品などでは目にする機会が少ないスタイルである。しかしそのことが座射という狙撃姿勢を否定するものではなく、実戦向きの有効な狙撃姿勢であることは疑いない。

座射は膝射（しっしゃ）に比べ、地面に腰を下ろしてしまっている分だけライフルを構えたときの安定性が高い。それにより、移動の際に“立ち上がる”という動作が増えることになるため膝射よりもわずかに行動が遅くなってしまうが、これは許容範囲のロスと考えられている。もともと狙撃の際に“長い時間待機していても疲れない”ことを優先して生み出されたスタイルだからだ。さらに伏射（ふくしゃ）には及ばないにしても、地面に腰を下ろした姿勢は十分にコンパクトで目立ちにくいため、発見されることなく標的を監視することができるという利点もある。

どのように腰を下ろすかは射手によって異なっていることが多く、伏射や立射のような“基本姿勢”というものはない。射手が最も楽で、リラックスした状態で無理なくライフルを構えていられる座り方が「座射の基本姿勢」なのだ。脚を開いたり、閉じたり、あぐらをかくような姿勢だったりと様々だが、両肘にかかる荷重を両足に逃がし、地面に伝えるという点は共通している。

座射は膝射の応用・変形版といった射撃姿勢であり、多くの点で膝射と共通する特徴があるが、実際のところは膝射と伏射の中間的なスタイルともいえる。何かに背中を寄りかからせて膝を立て、その上にライフルを固定するというのも座射の一種だが、この姿勢は膝射よりも伏射寄りのものであるといえる。

シッティング・ポジション

座った状態で撃つことを「座射」という

シッティング
プローンほどではないが十分に目立ちにくい。
こんなM字座りもリラックスできるならOK。
肘は膝の上にのせる。
お尻は地面につけてしまう。

シッティングの特徴

- 疲労が蓄積しにくい。
- ニーリングよりさらに安定性が高い。

- ニーリングより瞬間的な反応は遅くなる。
- 真面目に仕事しているように見えない。

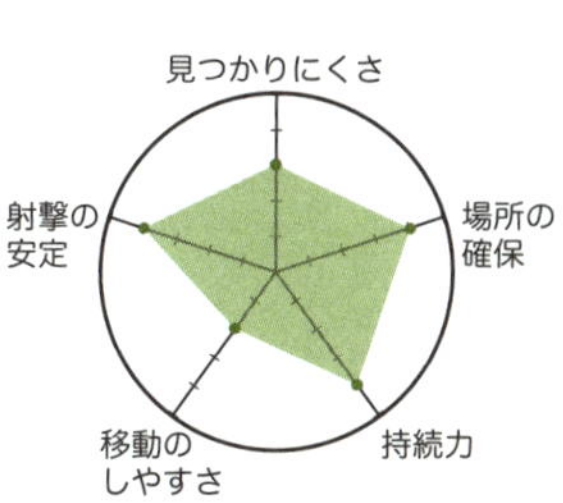
見つかりにくさ
場所の確保
持続力
移動のしやすさ
射撃の安定

射手によってベストの形が異なる姿勢。
長期の待ち伏せや監視に向いている。

ワンポイント雑学

伏せてしまうと高低差のある標的は狙いにくいので、高い場所（崖の上など）から下の道を通るような標的を狙う場合はこの姿勢が用いられる。二脚や三脚でライフルを固定できれば精度はさらに高まる。

No.058

狙撃には呼吸が重要？

狙撃の際にはわずかな手元のブレも許されない。スナイパーは射撃姿勢を工夫したり、二脚や供託物を利用するなど様々な手段を駆使してライフルを固定しようとするが、呼吸のコントロールも忘れてはならない重要な要素だ。

●ブレス・コントロール

狙撃において大切なのは、肉体とライフルを一体化させることである。照準を合わせて引き金を引いて、弾丸が銃口から発射されるまでの間、いかにライフルを微動だにせず構えていられるかが重要となるのだ。

長距離射撃においては、ライフルの銃口が数ミリ動いただけでも、銃弾が何百mと進むうちに“大きなズレ”となってしまう。銃口がふらふらと定まらないのは、銃の構え方が悪かったり、射撃の姿勢に無理があったり様々な理由が考えられるが、射手が呼吸をする際に生じる肉体の変化も無視することのできない大きな要因である。

スナイパーも人間である以上、呼吸しなければ死んでしまう。呼吸をすれば肺が収縮し、それに併せて胸が上下に動く。この動きを止めるには、息を止めてしまうのが一番だ。呼吸も単に“しなければいい”というものではなく、自然な呼吸のサイクルを崩さずに、リラックスした状態で止めなければならない。目安としては肺の中の空気を30％ほど吐き出したタイミングで自然に止めるのがよいといわれている。

息を止めると肺の酸素が血中に供給されなくなる。すると体の各所が「酸素をよこせ」と騒ぎ出し、時間と共に万全の状態からは遠ざかっていく。指先が震え出し、目がかすんできて狙撃どころではなくなってくるのだ。

息を止めていられるのはわずかな間しかない。単純に息を止めるだけなら1分や2分はできるだろうが、狙撃という行為は肉体と精神に大きな負荷をかけるため、酸素不足は死活問題だ。また緊張したときに分泌されるアドレナリンもこれに拍車をかける。訓練によって「息を止めても狙撃可能な時間」を多少は伸ばすことができるが、肉体が悲鳴をあげ始めるまでの数秒の間で引き金を引くか、次のチャンスを待つかを決めなければならない。

狙撃と呼吸

狙撃では可能な限り銃を「固定」するべき。

長距離射撃では手元が1mm動いただけで狙いが大きくズレる。

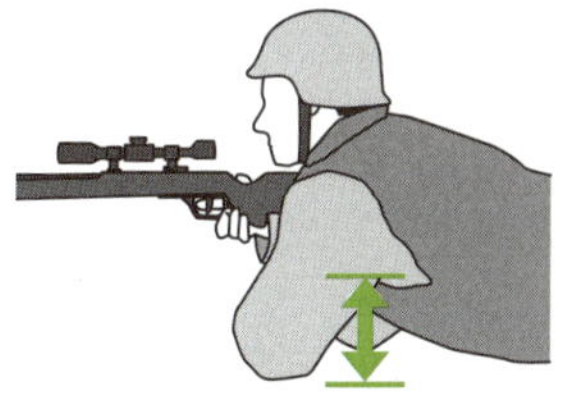

呼吸する際に必要な筋肉の動きは射手の胸を数mm単位で上下させる。

ならば息を止めてしまえ。

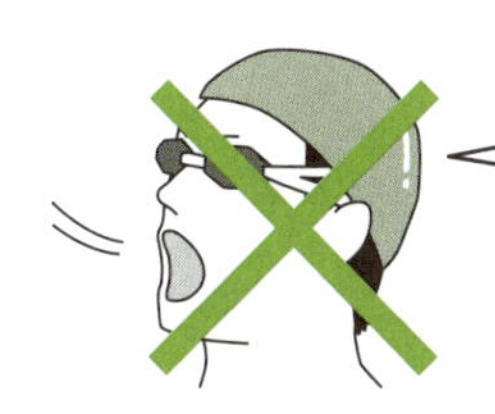

「水に潜るとき」のように肺いっぱいに空気をため込むのはNG。

リラックスした状態で肺の空気を30%ほど吐き出したタイミングで呼吸を停止する。

呼吸を止めると酸素不足になり肉体と精神の負担となる。

息を止めていられる時間はわずかしかない。

→ 意を決して引き金を引く。

→ 次のチャンスを待つ。

迅速にどちらにするか決断する必要がある。

ワンポイント雑学

息を吸うときを「アップブレス」、吐くときを「ダウンブレス」、吸いきったり吐ききったりしたときに生じる体が静止するタイミングを「ポーズ」という。スナイパーは数秒間のポーズのうちに撃つかどうかを判断する。

No.059

引き金は引かずに"絞る"？

狙撃における銃の操作は万事において細心の注意を払う必要があり、それは引き金を引くという動作一つにもあてはまる。引き金の形状や構造などにもよるが、何も考えずにいればそれだけ狙撃の成功率を下げることになる。

●躊躇せず、スムーズに

狙撃地点を選定し、ふさわしい射撃姿勢で完璧な照準を行ったとしても、最後の最後——引き金を引くときにポカをしたのでは今までの苦労が水の泡になってしまう。トリガーコントロールは射撃術の基礎であり、どんな状況においても完璧に行わなければならない。

引き金は"素早く一気に引く"のではなく、スムーズに一定の速度で"絞り込むように引く"のがよいとされる。引き金に人差し指の腹を当て、それを親指の腹にゆっくり近付け、わずかに触れるかどうかといった感覚だ。

引き金をグイっと引いてしまう、いわゆる「ガク引き」をしてしまうと、瞬間的にかかった力が腕や肩など変なところに流れて射撃姿勢が歪み、結果としてライフルの位置が変わってしまう。ライフルがブレれば、狙ったところに弾が飛んでいくはずがないという理屈だ。

ガク引きの原因は、発砲の瞬間に"射手が音や反動に対して身構えてしまう"ことである。この動きは体に染みついてしまった反射的なものなので、一度こうした状態に陥ってしまうと意識して矯正する必要がある。

対処方法としては、訓練の際に「火薬を抜いた弾を何発か混ぜる」というやり方がある。弾が出るつもりで引き金を引いても、火薬が入っていない弾に当たれば何も起きない。しかし体は起きるはずの音や衝撃に身構えて"ビクン"となってしまう。こうした訓練を繰り返すことで、自分がどれだけガク引きしているかが明確に認識できるようになる。

コインを使った訓練も効果がある。ライフルを構えた状態で銃口の上にコインをのせてもらい、それが落ちないように引き金を引くのだ。これは弾薬を装填しないで行う訓練なので場所を選ばず練習することができ、トリガーコントロールを地道に向上させることができる。

繊細なる指使い

狙いや構えが完璧でも、「引き金を引く」段階で
失敗したのでは元も子もない。

引き金を引く技術＝「トリガーコントロール」は射撃術の基礎。
スナイパーとしては、しっかりと身につけておく必要がある。

引き金は一気に引かず、絞り込むようにして引く。

一気に引く「ガク引き」をしてしまうと……

「銃が動く」「射撃姿勢が歪む」などの理由で命中率がガクンと落ちる。

ガク引きになる理由

発砲の瞬間、反射的に音や振動に対して“身構えて”しまう。

体が覚えてしまったものなので矯正には時間がかかる。

ガク引きの克服法

火薬のつまっていない模擬弾を混ぜて訓練する。

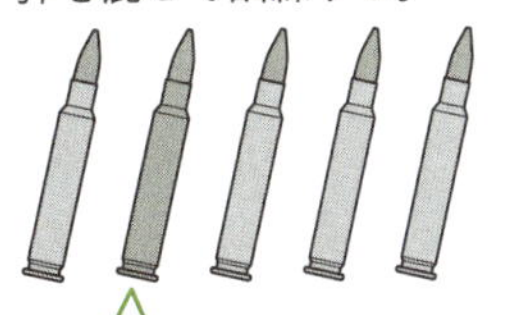

不発時に体が「ビクッ」とならなくなるまで練習。

銃口付近にコインを乗せて引き金を引く（弾は入れない）。

振動でコインが落ちなければ合格。

ワンポイント雑学

ガク引きは「ジャーキング」「トリガージャーク」ともいわれる。発砲時に体を動かしてしまう「フリンチング」は筋肉の萎縮によって起こる受動的なもので、専門的にはガク引きと区別されている。

No.060

ロック・タイムとは何か？

銃は引き金を引いてもすぐに弾が出るわけではない。撃針がプライマーを叩いて発射薬を燃焼させ、生じたガスの圧力によって銃身を加速して銃口から発射されるのだ。このプロセスにかかる時間を「ロック・タイム」という。

●弾が発射されるまでの“時間差（ラグ）”

昔の貴族が決闘に使ったり、海賊が携えていた旧式銃（マスケット銃）は作動方式によって「フリントロック」「ホイールロック」などと区別される。バリエーションは多岐に及ぶが、命名規則に共通するのは「○○＋ロック」となっていることだ。火薬の点火に火打ち石（フリント）を用いるものはフリントロック式、鋼輪（ホイール）の回転を利用するものはホイールロック式といった具合である。「ロック」とは作動メカニズムを指す言葉で、転じて“引き金を引いて発射するまでに要する時間”のことをロック・タイムと呼ぶようになった。このプロセスに時間がかかるようだと弾が銃身を出る前に狙いがブレてしまう可能性があり、弾は見当違いの方向へ飛んでいってしまう。現代銃のロック・タイムは1秒にも満たないわずかなものだが、その短い時間に生じた数ミリの誤差が成否に影響してくるのが狙撃というものなのだ。

ロック・タイムは引き金の移動距離（トリガーストローク）とも関係してくる。撃とうと思って指に力を込めてから引き終わるまでに引き金が長い距離を動くのであれば、それだけ時間がかかる——ロック・タイムが長くなってしまうからだ。

狙撃手はロック・タイムを短縮し、望んだタイミングで弾を撃てるよう、引き金を2段階に分けて引く。引き金を“あとわずかに力を込めるだけで弾が出る”直前まで引いて、その状態で止めておくのである。あとはそれを維持したまま標的を観察し、必要があれば最後の一引きをすればよい。

このテクニックは警戒状態にあるスナイパーがよく使用するが、引き金のバネが強いと指が疲れてしまって警戒どころではなくなってしまうので、引き始めは反発力が弱く最後だけ強くなるバネに交換したりする。最初からそうした機能を持っていたり、そのように調整された引き金を「2ストロークトリガー」という。

ロック・タイム

フリントロック
ホイールロック
ロック＝作動メカニズムのこと。

発射に要する時間を「ロック・タイム」という。

ロック・タイムは短いほどよい。

引き金を引いてから発射されるまでが長いと構えている銃の位置が動いて狙いがブレる。

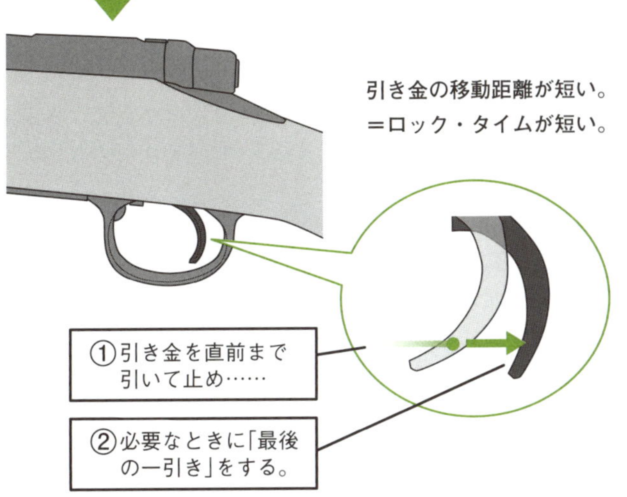
引き金の移動距離が短い。
＝ロック・タイムが短い。
①引き金を直前まで引いて止め……
②必要なときに「最後の一引き」をする。

ロック・タイムを短縮するため「引き金を2段階に分けて引く」テクニックが用いられる。

ワンポイント雑学

どんなに素早く引き金を引いてもロックタイムを0にすることはできないが、電気回路を利用した「電気式（エレクトリック）トリガー」はコンマ数秒以下の時間で弾丸を発射できる。

No.061

個人のクセは矯正するべきか？

スナイパーの訓練では各種の狙撃姿勢をはじめ、様々な「するべきこと・してはならないこと」を学ぶ。しかし訓練を受ける以前から体に染みついたクセやこだわりのようなものは、残すべきかなおすべきか迷うところである。

●当たらなければ意味がない……？

狙撃を行う際に、大切な要素が2つある。一つはもちろん「標的を選んで正確に狙いをつける能力」だ。そしてもう一つ重要なことは、常に「いつでも同じように撃つことができる」ことである。

ライフルの状態が常に同じで、スナイパーが目と、スコープと、銃口とを常に同一の位置関係にできれば、弾は必ず同じところへ飛んでいく理屈になる。これを実践できなければ、風や気温・湿度などといった不確定要素による修正を考える際に、よりどころとなる土台がなくなってしまう。優れたスナイパーは、不確定要素のない状態であれば“何発撃っても同じ場所に着弾する”ようでないとだめなのだ。

しかし言葉にするのは簡単だが、これがなかなかに難しい。スナイパーが歴史に登場して200年、確立された射撃姿勢やノウハウは存在するが、そうしたものを無視して「自分だけのルール」に従ったほうが成績がよいという者も少なくない。

ハンター経験が長かったり、射撃競技などで好成績を収めたことのある者は特にこうした傾向が強く、独自の射撃哲学を持っていたりする。そのため射撃に対する考え方を巡って、射撃訓練の教官と対立することさえある。

結果だけをみるならば、どんな撃ち方であれ当たるのならばそれは正しい。テロリストとしてのスナイパーであれば“狙撃を成功させる”以上に重要なことなどないのだから、それは当然である。

しかし軍隊や警察などの組織に所属するスナイパーの場合、少々事情が違ってくる。組織を維持していくためには、スナイパーの持つ狙撃技術を内部で伝えていかなければならないからだ。本人にしか再現できない技術など、組織全体の射撃技術を向上させる役には立たないのである。

我流狙撃術

「セオリーと異なるやり方」を認めるべきか否か？

いわゆる「自分流ルール」

・他人とは明らかに違う射撃姿勢。
・必要な手順やタブーを無視する。
・必要ない事柄に異常にこだわる。

基本、それで狙撃が成功するならば
多少の「我」は通すことができる。

スナイパーはもともと「一定の自由裁量を許された」立場なので、
結果がついてくるなら問題にならないことが多い。

彼らは独自の射撃哲学を持っている
ため、こうした傾向が強い。

・ハンター経験が長い。
・射撃競技などの成績が優秀。

**ただし大規模な組織に所属するスナイパーの場合、
事情は少し変わってくる。**

・組織の規律に関わる。
・組織の狙撃技術向上の助けにならない。

これらの理由から、あまり度を
超したワガママは許されない。

ワンポイント雑学

あまりにも独特すぎる特徴は、自分を追跡したり研究する者に対して手がかりを与えることになる。敵のスナイパーと対決する可能性があったり、捜査機関に追われる者はこの点を留意するべきである。

No.062

弾丸はまっすぐには飛んでいかない？

ライフルから発射された弾丸は、射手が狙いをつけたところに向かってどこまでも「直進」してくれるわけではない。遠くへ飛ぶうちに重力の影響を受けて下へ落ちるし、気温や湿度によっては弾道がグンと伸びることもある。

●重力や空気抵抗の影響

発射された弾丸は長い距離を進むとともにエネルギーが失われ、地球の重力によって地面に落ちる。そこで遠くの標的を狙うときは、確実に届くように銃身に上向きの角度をつけて撃つようにする。野球のボールを遠くまで投げようとする際、少し上に向かって投げるのと同じ理屈だ。弾丸はまっすぐではなく、放物線を描いて目標に到達する。

こうした放物線の弧は弾薬の威力が増すにつれ小さくなる。つまり5.56mmより7.62mm、7.62mmより12.7mm口径のほうが弾道が平坦（フラット）になり、ブレを考慮する必要が少なくなるのだ。遠距離狙撃において12.7mmや7.62mmの大口径ライフルに人気があるのはこうした理由からである。

気温が高く、湿度が低いと弾道は伸びる。このように弾道が上下に変化するケースではイレギュラーな要素はあまり関係せず、計算と経験による勘によって対応できる。同じ弾薬を使っていれば銃口から何m地点で空気抵抗によって弾が上昇し、何m地点で勢いがなくなって落ちるのかわかるのだ。

弾道が左右に変化するケース、つまり横風による影響は大いに考慮する必要がある。特に5.56mm弾のような小口径弾による狙撃では弾が軽いため風に流されやすい。こうした要因は訓練や勘によって克服するのは難しいので、風がやむまで待つとか、最初から狙撃地点の候補より除外するなどといった発想の転換が吉と出るケースがある。

「偏流」についても考慮する必要がある。弾丸は飛んでいくうちに重力に引かれて落ちるが、そこにも空気の抵抗が生じる。弾丸はライフリングの効果によって回転しているため、まっすぐ下方向に落ちないのだ。多くのライフリングは右回転なので、弾丸は重力で降下するうちに右へ流されることになる（7.62mm弾を800mの距離で撃った場合、30cm近くも右にずれる）。

名射手はブレを計算に入れて撃つ

発射された弾丸は上下左右にブレるのが当然。

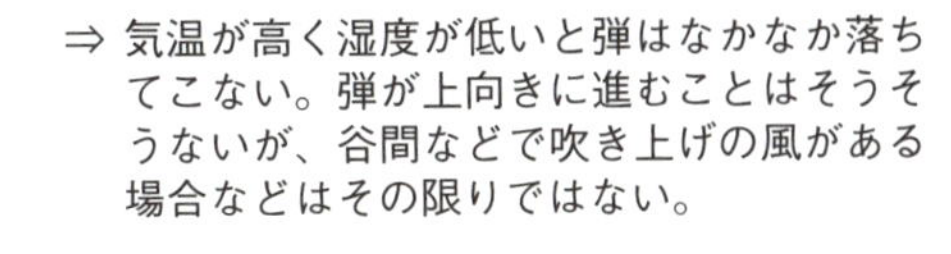

上に伸びる場合。

⇒ 気温が高く湿度が低いと弾はなかなか落ちてこない。弾が上向きに進むことはそうそうないが、谷間などで吹き上げの風がある場合などはその限りではない。

左右に逸れる場合。

⇒ 横風が吹いている状態だと弾はその方向に流される。射程ギリギリになるほど、流され方は大きくなる。

下に落ちる場合。

⇒ 重力があるので外的要因がなくても弾は下に落ちる。ライフリングによる回転のため「偏流」が発生し、弾はまっすぐ落ちるのではなく回転方向に流される。

ただしこういった懸念が生じるのは400mを超える狙撃の場合で、100mや200mでの狙撃ではあまり心配する必要はない。警察組織に所属する狙撃手は200m以内の距離で狙撃するケースがほとんどなので、スコープの十字に合わせた場所にそのまま弾が命中すると考えてよい。

ワンポイント雑学

照準調整の際、上下の落差は科学的な計算によって導き出すことができるが、風の影響を考慮した左右の調整となると経験の浅い射手には難しい。

No.063

着弾点を正確に把握するには？

スナイパーは自分の撃った弾がどこに当たったのかを、その都度正確に把握しなければならない。的を外した際に照準を再調整するためなのは当然のこと、照準時のイメージと実際の着弾点の差をすり合わせるのに必要なのだ。

●可能ならば２人以上で

スナイパーの使うライフルの弾はものすごい高速で——場合によっては音速すら超えるスピードで飛翔するため、飛んでいるところを肉眼で見ることはできない。トイガン(バネの力でピストンを圧縮したり、ガスの圧力によって樹脂製の弾を飛ばす遊戯銃）とは違い、弾道を目で追いかけて着弾点を確認するというわけにはいかないのである。

こうした場合に行われるのが、弾が当たった場所にあがる「土埃」によって着弾点を測る方法だ。もちろん当たった場所が岩や壁のような硬いところならその破片が吹き飛ぶし、人間や動物の体なら血煙が、水面であれば水飛沫が飛び散る。その一瞬を見逃さず、次弾の修正につなげるのだ。

もちろん1kmを超えるような遠距離狙撃の場合、その光景が直接見えるわけではなく、スコープの映像によって確認することになるだろう。しかしそれだけ遠い目標だと、構えていたライフルを少し動かしただけでスコープに収まっていたはずの標的は視界の外に外れてしまう。遠距離狙撃に使うライフルは7.62mm以上の大口径であることが多く、そうした銃は発射時の反動も強い。よほど上手に構えるかライフル自体に衝撃を吸収する機構を組み込むなどしない限り視界が安定せず、着弾点の確認も困難になる。

そこで活躍するのが観測手(スポッター)だ。射手は標的に集中していることが多いので、着弾の痕跡を見逃してしまうことがある。特に何らかの事情で標的を大きく外してしまった場合、着弾が視界の外にあるため、こうした傾向が強い。高倍率のスコープは周辺視野も狭いため、さらに確認するのが難しくなる。スポッターは自身のライフルについているスコープや専用の観的用(スポッティング)スコープを用いて弾着を確認し、適切な照準修正指示をスナイパーに伝えて速やかに第2射を撃たせなければならない。

着弾点の確認

自分の撃った弾はどこに当たったのか？

もちろん狙撃の理想は「初弾必中」だが……

わずかな修正で次弾は命中させられそうなのか？

全く見当外れの場所に着弾していて
1回の修正では当たりそうもない状態なのか？

狙撃の「続行」か「中止」を判断するためにも
正確な着弾点の確認は必要になる。

弾の軌道を読み着弾点を知るには……

通常、弾道を肉眼で見ることはできないが……

- 弾丸が空気を切り裂いてできる渦によって
  軌道が見えることがある。
- 弾丸が光を反射して瞬間的に軌道を見ることが
  できる場合がある。
- 曳光弾を使うことで弾道を確認できる。
  （かなり目立つので周囲にもバレる）

弾が当たった場所には……

土埃　破片　血煙　水飛沫

などが起こるので、それを頼りに確認する。

ワンポイント雑学

曳光弾を使うのは（こちらの隠れ場所がバレる危険があるため）最後の手段だが、敵スナイパーの潜む場所に撃ち込んで味方部隊にその場所を教え、撃ち返される前に味方部隊の一斉射撃で制圧するという方法もある。

No.064

雨の日は弾道が狂う？

空から降ってくる“雨粒”そのものは狙撃にとってあまり問題ではない。しかし雨が降っているということは、周囲が「気温が低く」「湿度が高い」ということであり、そういった環境のほうこそが弾道に大きな影響を及ぼす。

●気温と湿度の影響

スナイパーは標的が隙を見せるまで、雨が降ろうが雪が積もろうが待ち続けるのが仕事である。その成果を無駄にしないためにも「雨の日の狙撃が弾道に与える影響」を理解しておかなければならない。

特に気温の高い・低いは影響が大きい。気温が高いと火薬（発射薬）が急速に燃焼するため、弾を発射するためのガスの勢いが強くなり、初速が増加し、弾丸のエネルギーが大きくなる。逆に気温が低くなるほど発射薬の燃焼速度も遅くなるため、弾丸の初速が落ちる。

初速が落ちれば飛距離も短くなるので、初弾の着弾点も変化してくる。何発か撃っていると薬室の温度が上昇して初速も上がってくるため、最初の1発で仕事が終わらない場合は、こうした変化を考慮して照準を微調整していく必要がある。

湿度が高いと大気中の抵抗が大きくなり、飛んでいく弾丸はその分だけ余計なエネルギーを失うことになる。砂漠のように暖かくて乾燥した空気は密度が低いので、その中では弾丸は遠くまで飛び、同じように狙ってもわずかに上のほうに命中する。

雨ざらしの環境で狙撃をしなければならない場合、もう一つ困った問題が発生する。ライフルや弾薬が雨で濡れてしまうことにより、乾燥した状態で調整していた銃のセッティングが狂ってしまうのだ。

あらかじめ、銃や弾が冷えたり湿気を吸ったりしないよう処置しておくのが望ましいが、それが難しいようならいっそ全てを水浸しにしてしまい、その状態で再セッティングをするべきである。ただし精密機器であるスコープにはカバーをつけたりビニールを巻くなどして可能な限り保護するようにし、レンズを拭くための柔らかい布などを用意しておくとよい。

雨の日の狙撃

「雨が降ったらお休みで」

……というわけにもいかないのが狙撃の世界。

狙撃のチャンスが訪れるのは晴天時だけとは限らない。

「雨」という気象条件が狙撃に与える影響

低い気温

⇒ 発射薬の燃焼速度が遅くなり初速が落ちる。初速が低いと飛距離も短くなるので、気温が高いときに比べ着弾点も変化する。

高い湿度

⇒ 空気抵抗が大きくなるため、飛翔する弾丸に余分なエネルギー消費を強いる。その結果、射程が短くなり着弾点も変化する。

銃のコンディション

⇒ 銃や弾薬が冷えたり湿気を吸ったりすることでコンディションが変化する。特にスコープは精密器機なので細心の注意を払う必要がある。

事前に雨の中で狙撃することがわかっているのなら、こうした要件を考慮して準備や調整をしておきたい。

ワンポイント雑学

現代銃の弾薬は完全密閉されているので、雨に濡れたことによる湿気で不発を起こすようなことはない。

No.065

風の強い日に注意することは？

銃弾は「当たれば人が死ぬ」勢いで飛んでいくので、多少の風など何の問題もないように思える。確かに100mや200m程度の距離ならそれほど考える必要はないが、長距離での狙撃となれば風の影響も無視できなくなる。

●長距離では横風に流される

銃弾には射程というものがあり、飛距離（最大射程）のギリギリに近付いてくれば発射時に持っていたエネルギーも失われてくる。エネルギーが少なくなれば当然“前に進もうとする力”も弱くなるので、横風などの影響を受けやすくなる。野球のボールがホームランになる寸前に風に流されてファウルになったりするのはよくあることだが、それよりもずっと小さくて軽い銃弾にとって風の影響は無視できないものといえる。

発射された弾丸が風によって流されるのは、超能力者でもない限りどうにもできない。したがって、最初から風の動きを考慮して狙いをつける必要がある。標的までの距離と風速・風向などの影響を数値化し、計算式にあてはめて照準調整ノブをどれくらい動かせばよいかを算出するのだ。

風速計のような道具があれば正確かつ適切な数値を読み取ることができるが、それらが手元にない場合は“知識と経験”から数値を割り出さなければならない。風速や風向は煙や背の高い草、木の葉や紙ゴミ、砂埃、旗や洗濯物などで読み取ることができる。追い風や向かい風は弾道に大きな影響を与えないが、横方向から吹く風については注意しなければならない。

風はスナイパーの狙撃姿勢にも影響を与える。スナイパーライフルは長い銃身を備えているため、強い風の中ではライフルをまっすぐ構えているのが難しくなる。たとえ風に押されて銃身が1ミリずれただけでも、弾が何百mも進むうちに何mものずれにまで広がってしまうことがあるのだ。

こうした危険性は、伏射の姿勢をとって二脚を使用するなどといった対策をとることである程度までは減らすことができるが、風に舞ったほこりが目に入ったなどという“事故”を避ける意味でも、屋内での狙撃を検討するなり風よけを用意するなどの準備をしておきたい。

風の影響

近距離ならば「風の影響」を考慮する必要は少ないが……

長距離狙撃の場合、弾丸は
風に流されてしまう。

最初から、風の強さや方向を考慮して狙いを付ける必要がある。

風速計を使うことで正確な数値を知ることができるが……

- 風速計が壊れたり、手元になかったりする場合もある。
- 標的近くのデータは、手元の風速計では得られない。

こうしたものを
見て風の動きを
知る必要がある。

煙がわずかにたなびく
風速5m/h未満

小枝や葉が揺れる
顔に風を感じる
風速10m/h程度

砂埃や紙ゴミが舞い上がる
風速15m/h程度

旗や洗濯物
角度によって風速がわかる

発射された弾ではなく、ライフルそのものが風の影響を受ける可能性も忘れてはならない。

横風で銃身が1mmずれただけでも
何百m先では大きな差が出てしまう。

ワンポイント雑学

照準調整の際、上下の落差は科学的な計算によって導き出すことができるが、風の影響を考慮した左右の調整となると経験の浅い射手には難しい。

No.066

試射をしないと狙撃は成功しない？

他人のライフルを受け取ったスナイパーが、素早く狙撃姿勢をとって最初の1発でターゲットを仕留める。フィクションの世界では珍しくないシーンだが、現実でこうしたケースにお目にかかることは非常にレアである。

●「ゼロイン」の重要性

まっとうなスナイパーであれば、何の準備もせず「本番」に臨むということは考えにくい。弾の飛び交う戦場であれば近くの適当な的で試し撃ちをすることも難しくはないし、その上で状況や環境に合わせた調整を行ったほうが狙撃の成功率は高くなる。

しかし敵の勢力圏内に潜入して重要人物を暗殺するといった“狙撃任務”の場合、悠長に試射などしている余裕はない。最初の1発で目的を達成できなければ標的の逃走や反撃を許すことになり、任務は失敗に終わるだろう。

現場で準備ができない状況ならば、事前にできる限りの準備をしておくしかない。発射された銃弾が狙った場所に正確に当たるよう照準を正しく調整しておくことを「ゼロイン（零点規正）」という。

ゼロインの基本は単純だ。まず標的の中心を狙って撃ってみて、狙った場所から「どれくらい着弾点がずれたか」を確認する。その後、ずれている距離の分だけライフルの照準調整ノブを動かすのだ。例えば着弾点が標的の中心から「上に3cm」「左に4cm」ずれていた場合、上下調整ノブを「下側に3cm分」、左右調整ノブを「右側に4cm分」動かすといった具合に行い、これを“弾がど真ん中に当たる”まで繰り返す。

標的までの距離や現地の気象条件などがあらかじめハッキリしている場合は、同じ条件でゼロインしておけば最小限の微調整を行うだけで狙いをつけることができるが、そのような好条件で狙撃ができる状況はめったにない。そのため、とりあえず400m前後（この距離は任務や射手の好みによって異なる）の距離でゼロインを済ませておき、狙撃位置から標的をとらえた際に、設定距離との差分や横風の影響などを「計算」と「経験からくる勘」に基づいて修正するのが一般的である。

他人が調整した銃の照準は狂っていると思え

零点規正（ゼロイン）とは……

照準器の示すど真ん中 に 照準を正しく合わせる こと。

（照準器が「スコープ」か「アイアンサイト」かは問わない）。

えっ？　銃の照準って正しく合ってるのが普通じゃないの？

・運搬時や保管時にうっかりノブなどを動かしてしまう可能性。
・独自のクセがある射手は照準の位置もおかしかったりする。

スナイパーは「自分がゼロインした銃の照準」以外は信用しない。

ゼロインの手順

1発撃って着弾点を確認。 → ずれている分だけ「上下」「左右」の調整ノブを動かす。 → もう一度撃って着弾点を確認。 → ゼロイン完了。

狙い通りの場所に着弾するまで繰り返す。

現場では「一発本番」の場合がほとんどである。気温や湿度、風向きなどといった不確定要素の修正はその場でなければわからないが、だからこそ銃の照準調整くらいは完璧にしておく必要がある。

ワンポイント雑学

ゼロインは「サイトイン」「ゼローイング」とも呼ばれる。作業の前には部品や銃身を綿密にクリーニングし、銃身が冷えた状態でしなければならない。

No.067

スコープの調整はどうやって行う？

スコープはスナイパーライフルにとって欠かせない存在ではあるが、ライフルが製造された時点では取り付けられておらず、あくまでも「後付けのオプション」である。そのため、使用者が自ら調整してやる必要がある。

●照準調整ノブをクリック

スナイパーライフルのスコープは、たとえそれが「最初からスコープが装着された状態」で渡されたものだったとしても未調整であると思ったほうがよい。仮に“調整済み”だと言われても、体型や構え方のクセが異なる他人が調整したスコープを無条件で信じるなど愚かなことだ。

スコープには照準の調整用ノブがついているので、何発か撃ちながらノブを回して十字線（レティクル）の中心に着弾点がくるようにする（この調整を「ゼロイン」という）。調整ノブは「金庫のダイヤル」のように目盛りを回す（クリックする）たびにカチカチと音がしたり、何らかの手応えがあるようにしてあるものが多い。

回転させたときに「カチッ」と音がする一刻みを「1クリック」という。クリックさせるときはジャストの位置で止めるのではなく、少し多めに回してから戻したほうが正確に調節できる。例えば4目盛り分だけ動かしたい場合、6クリック進めてから2クリック戻す……といった具合だ。

これは精密機器の調整時には一般的なやり方で、クリックの際に生じる「わずかな機械的誤差」を避けるためというのが理由とされているが、精度の悪いスコープでなければそこまで心配する必要はないという射手もいる。

スコープを現地で装着することはあまり好ましいことではない。取り付け位置が1ミリ、角度が1度ずれただけでも、遠距離狙撃の着弾点というものは変わってしまうからだ。原則として、スコープはゼロインをした上でライフルに装着した状態のまま狙撃地点まで持ち運ぶべきである。

もちろん任務上の制約などによってライフルとスコープを別々に運搬しなければならないこともあるのだが、そうした場合「ゼロインのやりなおし」まではいかなくても、最低1発は撃ってみて自分がゼロインした状態から“どれくらいのズレが生じているか”の確認をする必要がある。

スコープの装着と調整

スコープは「乗っている」だけでは役に立たない。

必ず自分で調整(ゼロイン)をする必要がある。

まずはスコープが正しくマウントに装着されているかを確認する。

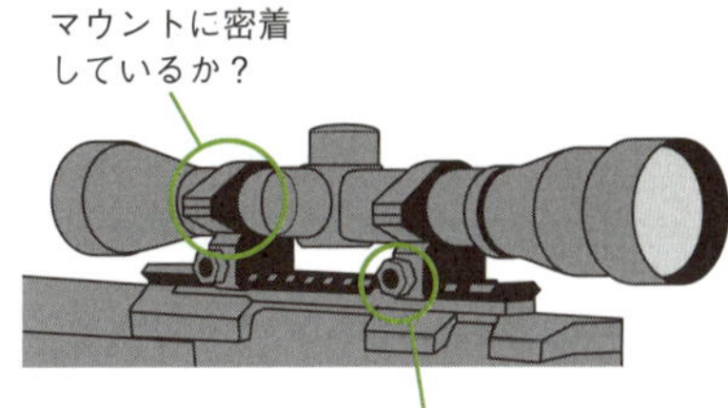
マウントに密着
しているか?
ネジはゆるんで
いないか?

次にスコープのレティクル調整を行う。

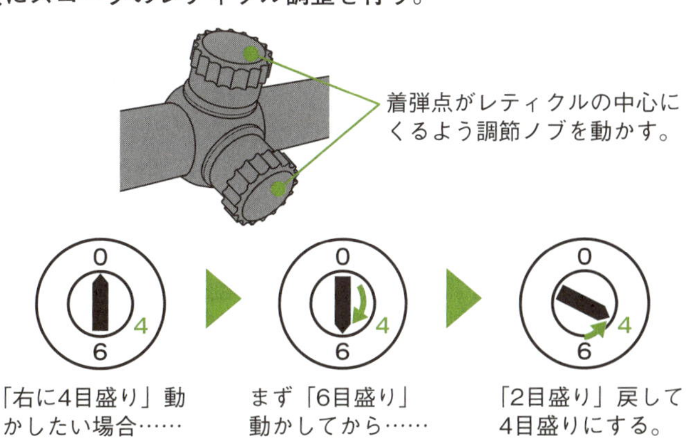
着弾点がレティクルの中心に
くるよう調節ノブを動かす。
0
4
6
0
4
6
0
4
6
「右に4目盛り」動
かしたい場合……
まず「6目盛り」
動かしてから……
「2目盛り」戻して
4目盛りにする。

装着位置やクリック数のセッティングなどを一定に定めておくことで、装着後の修正を最小限にすることができる。

ワンポイント雑学

標的が動いていたり強風が吹いていたりしてクリックしながら照準調整しているヒマがない場合、調節ノブには頼らずレティクルの目盛り──「ミルドット」を目安に“修正する分だけ標的をずらして”撃つ。

No.068

ボアサイティングとは何か？

スコープを乗せていざ試射をしても、標的の描かれた紙にさえ命中しないことがある。これは「銃身が曲がっていました」などといった身も蓋もない理由でない限り、スコープの装着がうまくいっていないことに原因がある。

●銃身を覗き込んで中心を出す

スコープは銃の上部、銃身と平行に取り付けられるのが普通だが、そのままではスコープで狙ったライン（照準線）と実際に弾が飛んでいく筈のライン（銃身線）が平行線をたどるため、狙ったところより下に当たってしまう。

それでは困るため、スコープの照準線と銃身の延長線を“当たってほしい地点で一致させる”必要がある。この作業を「ボアサイティング」という。まずライフルの「ボルト」を取り外し、銃身の後ろから標的を覗いたときに中心へ収まるよう台などに固定する。その状態でスコープのゼロインを行えば、照準線と銃身線が一致することになる。

ボルトの取り外しができない銃やオートマチック・ライフルの場合、専用のレーザーポインターを使用することもできる。銃身から発射されるレーザー光が標的の中心にくるようライフルを固定すれば、銃身から標的を覗いて中心に合わせるのと同じということだ。ポインターは薬室に入れて使う弾薬型のものや、銃身先端に取り付けて使うものなど、様々なタイプがある。

もう一つ覚えておかねばならないのは「スコープの中心（センター）出し」だ。狙った場所——レティクルの中心に弾が飛んでいくようボアサイティングできたとしても、スコープのセンターが狂っていないという保証はないのだ（ほかの人間が使っていたスコープなら、そうしたリスクはさらに大きくなる）。

センターを出す方法として単純かつ現場向きなのは、スコープの調整ノブを端から端まで動かして何クリックあるかを数え、その半分の位置まで動かすというやり方だ。さらに正確を期すならば方眼紙を使う方法もある。レティクルを方眼のマスに合わせ、上下反転させてマスからずれた分だけノブを回して正しい位置に調節するのだ。同じ手順を左右に対しても行うことで、高い精度でスコープの中心を出すことができる。

ボアサイティングとスコープの中心出し

「スコープの照準線」と「銃身の延長線」が
一致しないと弾は命中しない。

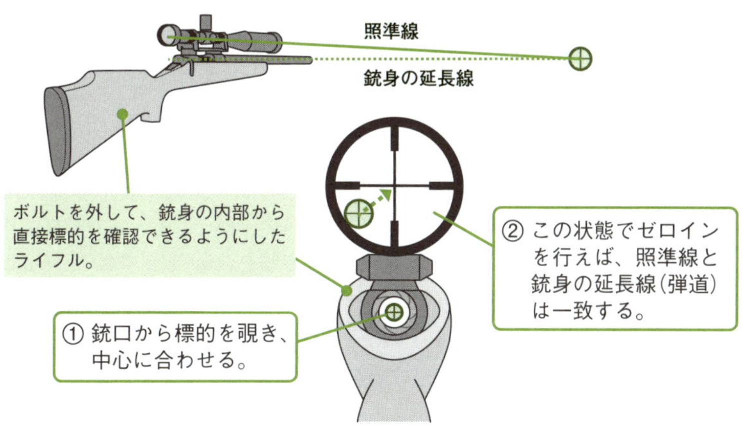

こうした方法で照準を調整するやり方を「ボアサイティング」という。

構造上ボルトの取り外しができなかったり、オートマチック・ライフルのように銃身後部から直接標的を覗けない銃の場合、レーザー光など使用してボアサイティングを行う。

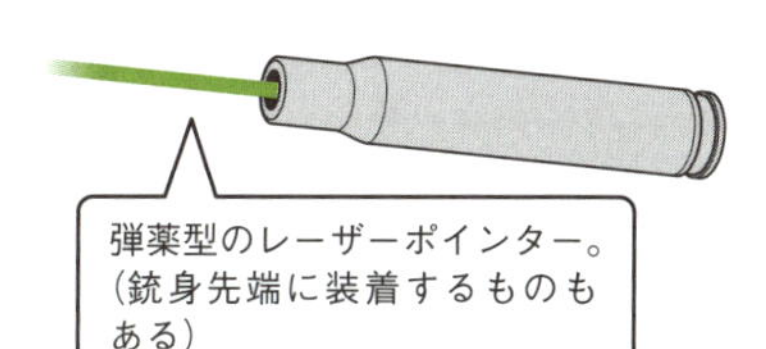

弾薬型のレーザーポインター。(銃身先端に装着するものもある)

スコープの中心を出す方法。

① ノブをどちらか一方に、回せなくなるまでクリックする。
② 反対側にノブを回し、止まるまで何クリックあるか数える。
③ 数えたクリック数の半分の位置までノブを戻す。

ワンポイント雑学

ライフルをテーブルなどに固定する器具を「ガンバイス」という。専門店で購入する場合もあるが、日曜大工で自作してしまう射手も多い。

No.069

標的までの距離を概算するには？

オリンピックのような標的射撃の場であれば、標的までの距離は決められている。しかし狙撃の場面においては「距離表示の看板」があるわけではないので、スナイパーは自分でどれくらいの距離なのか考える必要がある。

●知識と経験に照らして

スナイパーは遠くの場所にある標的に対して銃弾を命中させることができるが、それにも限界がある。どんなに優れたスナイパーでも、銃の射程より遠い標的を攻撃することはできない。また生き物を殺傷したり物体を破壊したりするためには弾にそれなりのパワーが残っていなければならず、射程ギリギリで命中させたとしても威力は期待できない。

そのためには標的までどれくらいの距離があるのかを把握した上で、無理のない狙撃位置を設定する必要がある。専用の器具や計算式を用いて正確な距離を算出する前に、まずは“ざっと○○ｍくらい”といった概算値がわかれば話が早い。

広く行われているのが、何かほかのものを「基準の物差し」として距離を測る方法である。物差しとなるのは射手自身にとって身近な――よく見知っていて大きさをイメージしやすいものが望ましい。陸上競技のトラックの直線部分や、サッカーの国際大会におけるフィールドの長さは100m前後。こうしたものを頭の中で目の前の景色に重ね合わせ、距離をイメージするのだ。サイズがわかれば最寄りの鉄道駅のホームや地元の橋の長さでも問題ない。ホームや橋が何個分あるか想像することで、おおよその距離がわかる。

また「対象の形や色がどう見えるか」によって距離を判断する方法もある。例えば標的となるのが敵軍の将校だった場合、同じ格好の人形などを100m、200m、300m～と徐々に遠くに置いていって観察する。すると100mでは服や装備のかなり細かいところまで見えるが、200、300と遠くなるにつれ判別できない部分が増えてくるといったことが起きる。距離によってどれくらいの違いがあるかを頭に叩き込んでおくことで、標的がどれくらい離れているかを把握することができるのだ。

距離計を使わずに距離を測る

標的までの距離は「距離計」を使えば
正確な数値がわかるが……

故障したり使えなかったりする場合に備えて
「器機を使わないやり方」を覚える必要がある。

そもそも昔は距離計などなかった。

「基準となる距離」を決めて測る。

⇒ 自分にとって身近な何か（「スポーツ競技のコートのサイズ」や「建物などの大きさ」）を基準にして、頭の中でそれと比較することによって大まかな距離をイメージする。

「モノの見え方の違い」で距離を測る。

健康的な視力（2.0～1.5）の場合、以下のように「標的の見え方」が変化する。

目標の形状や色など、詳細な部分までかなりはっきりと識別できる。

⇒ 200m

輪郭が明確に識別できる。色も判別できるが人物の表情はわからない。

⇒ 300m

輪郭は識別できるが、それ以外の部分ははっきりしなくなってくる。

⇒ 400m

目標の輪郭がぼやけてきて、判別することが難しくなる。

⇒ 500m

目標が存在することがかろうじて判別できる。そのほかの詳細は全くわからない。 ⇒ 600m

ワンポイント雑学

レーザーを使用した距離測定器（レーザーレンジファインダー）は便利だが、敵が暗視装置（一部のモデルはレーザー光を見ることができる）を持っていたり、レーザー探知式の監視装置を持っていると位置がバレてしまう。

No.070

「測距」の精度を高めるには？

スナイパーにとって、標的までの正確な距離を把握しておくことは重要な問題である。スコープや照準器に標的をとらえなければ狙いをつけることができないように、距離がわからなければ弾を当てることはできないのだ。

●専用ツールで確実に

銃口から発射された弾丸はずっと空中を飛んでいるわけではなく、重力や空気抵抗の影響で徐々に落下していく。遠くの標的の狙った場所に当てるためには、命中までにどれくらい弾が落下するかを考慮して、その分だけ上を狙う必要がある。標的まで遠いほど弾の落差も大きくなるので、距離を知ることは「弾がどれくらい落ちるか」を計算するのに不可欠なのである。

狙撃用スコープが登場してからは、内部に刻まれた目盛りを使うことによって正確な距離を測りやすくなった。まずスコープに映った標的が目盛りいくつ分なのかを数え、次にその数を「標的のサイズを1,000倍した数字」で割る。そうすることによって、標的までの距離が導き出されるのだ。

この方法は標的のサイズがわからなければ使えないが、例えば平均的な兵士の身長とか、地域の一般的な玄関の高さ、敵の使用している軍用車両の寸法などを覚えておくことによって対応できる。

観測手(スポッター)の用いる「観的用スコープ」には狙撃用スコープと同様の目盛りのほか、風速計や気温・湿度などを計測する機能がついているものもあり、より正確な情報を得ることができるようになっている。

こうした方法が生まれる以前は距離を測るのは勘と経験に頼るしかなかったが、ある種の地形や環境は距離感を狂わせてしまう。平坦な地形や下から見上げるような地形では標的を近くに感じ、逆に見下ろすような状態にある標的に対しては離れて見えるといった具合である。

さらに目の錯覚も標的までの距離を誤認させる。色や形などが目につきやすく背景から浮いて見えるものは実際よりも近くに見えるし、人や物などの小さなものが建物や巨木などの大きなものの近くにあると、実際よりも遠くにあるように感じてしまうのだ。

器具を使用して距離を測る

測距＝目標までの距離を測ること。

距離がわからないと照準の調整が難しくなる。

「スコープの目盛り(ミルドット)」を使う方法

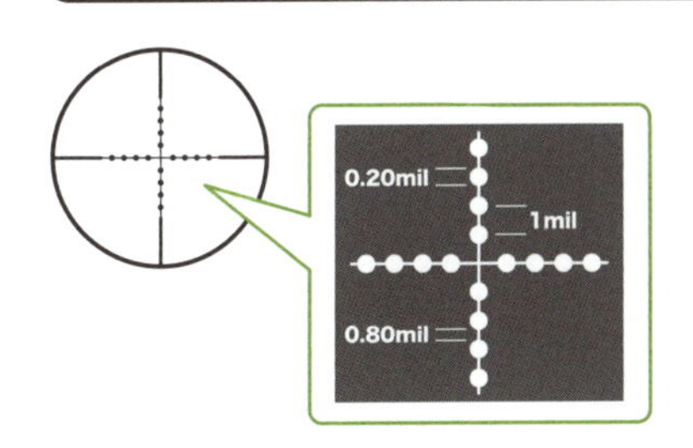

① 標的が「スコープの目盛り何個分」なのかを数える。

3.6 ミル

② 目盛り数を「標的のサイズを1,000倍した数」で割る。

身長が 1.8m と仮定して……

(1.8×1000)÷3.6＝500

標的までの距離は「500m」！

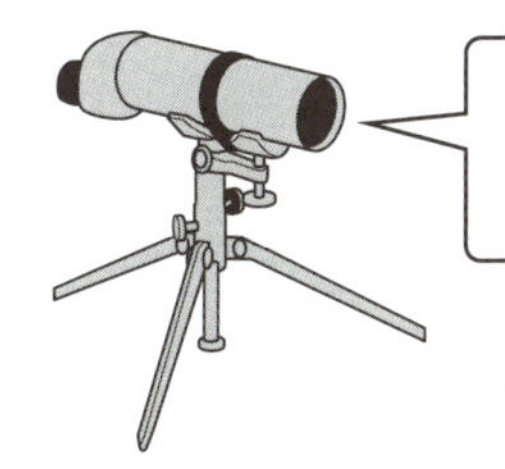

「観的用スコープ(スポッティング・スコープ)」を使えばより正確に距離を測ることができる。

風速計や気温・湿度計の機能を持ったモデルもある。

肉眼では近くに見える

・標的を見上げている場合。
・色や形が背景から浮いているもの。

肉眼では遠くに見える

・標的が低い位置にある場合。
・大きなものの近くにある小さなもの。

こうした思い込みにとらわれてはならない。

ワンポイント雑学

現在のスポッティング・スコープにはデジタルカメラと連動することによって画像や情報を記録したり、送信することが可能なモデルも存在する。

No.071

供託射撃とはどのようなものか？

どんなにしっかり狙いを定めたとしても、銃そのものが不安定では狙った場所に命中しない。スナイパーはどんな姿勢でも銃を安定させることができるよう訓練を受けているが、銃を固定するモノがあれば使ったほうがいい。

●専用品から応急品まで

供託射撃とは、銃を何かに託して安定させる射撃法である。そのための器具として代表的なのが「二脚」だ。狙撃銃として設計・改良されたライフルであれば長さ調節が可能な二脚を標準装備しているモデルも多く、手で支えるよりも効率的かつ確実に銃を固定できる。脚の高さを調節できる二脚もあるので、状況にあわせて使い分けることも可能だ。二脚よりも安定性の高い「三脚」は長時間の待機を強いられる任務などでは人気があるが、サイズが大きくかさばるうえに重いという欠点があり、使える状況は限られてくる。

狙撃に必要なもの以外にも荷物が多いミリタリー・スナイパーにとって、装備の軽量化は重要な課題である。そのため二脚や三脚をあえて携帯せず、袋に砂などを詰めたものを使う方法もある。

空の袋は軽くコンパクトに持ち運べるし、中に入れる砂は現地で手に入れやすい。砂をならせば銃の高さを細かく調節することができる。銃は直接（ただし銃身ではなくフォアエンドの部分を）乗せてもよいし、砂袋との間に手を挟みこむスナイパーも多い。手を握り拳にして強く握ったり緩めたりすることで高さを微調整できるからだ。現地調達の手段として用いられるやり方としてもう一つ、木の枝や棒などを組み合わせて即席の固定脚を作ってしまう方法がある。市街地であれば廃材を使って脚代わりにしてもいい。不要になったらその場に捨てていっても惜しくないが、狙撃に使ったことが推測されない程度には処理していかないと追跡される原因となる。

古くからスナイパーに伝わる技術には“肉体のみを用いて銃を支える”ものも存在する。これは「ドイツ式（ジャーマン・スタイル）」と呼ばれる座射（ざしゃ）の一種で、銃を上に向けるのが難しいなどといった制約があるが、筋肉の緊張によって銃の角度や高さを微調整することができる。

ライフルを固定する支え

銃が安定すれば命中率も上がる。

それには銃を「固定」してしまうのが近道だ。

二脚

標準的な固定具。多くの狙撃銃が装備している。

三脚

安定性は最高だがかさばるのが難点。

砂袋を使う

靴下に砂を詰めたものも使い勝手がよいので人気。

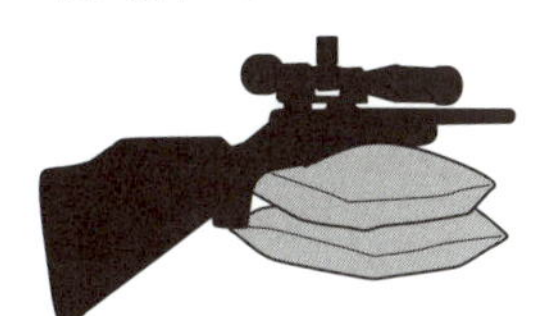

現地調達の「脚」

二股の枝を地面にさしたり2～3本の枝を組み合わせる。

射手の肉体のみを用いてライフルを支える方法。

手足の位置を調節したり筋肉の緊張具合をコントロールすることによって、ライフルの固定と照準の微調整を行う。

ワンポイント雑学

砂袋や木の枝にライフルをのせる場合、銃身を直接乗せないよう注意しなければならない（銃身に余計な負荷をかけることになるため）。

No.072

跳弾で目標を狙えるか？

標的までの距離は問題ないが、角度が悪くて狙いをつけることができない。こんなとき、フィクションの世界で登場するのが跳弾射撃である。銃弾をビリヤードの「バンクショット」のように反射させて標的に命中させるのだ。

●反射を利用した狙撃

弾丸が壁や水面などの平面や、硬いものに当たったときに起きる“跳ね返り”を利用して標的をヒットする「跳弾射撃（スキッピング・ショット）」は理論上は可能だが、いくつか考慮しなければならない問題がある。

一つは弾丸の種類（硬さ）だ。跳弾させるには、まず弾が何かに当たらなければならないが、弾丸が軟らかいとその時点で砕けてしまうのである。

この問題は一般の銃撃戦ではあまり問題にならない。弾が砕けても目標に当たりさえすればダメージを与えることができるからである。市街戦や室内戦のような近距離の戦闘では、壁や床を狙って敵に跳弾を送り込めというマニュアルすら存在するくらいだ。

しかし長距離狙撃の途中で弾がバラバラになってしまっては、標的を狙い撃つどころの話ではない。そのため「フルメタルジャケット」などといった硬い種類の弾を使用して、跳弾の衝撃で砕けないようにする必要がある。さらに跳弾させる角度も考慮する必要がある。角度が深く大きくなるほど跳弾時に弾丸が受ける衝撃が大きくなるため、砕けてしまったり跳ね返りの角度が狂ってしまったりする可能性が出てくるのだ。

もう一つは跳弾させるタイミングである。ビリヤードの球が跳ね返る様子は跳弾射撃をイメージしやすいが、ライフルの弾丸は球体ではなく細長い流線型をしている。ライフリングの溝によって回転を加えられることでコマのように安定するが、コマも回り始めと終わりで回転がぶれるように、ライフリングによる回転にもムラというものが存在する。

つまりライフルの弾がイメージ通りに直進してくれるのは“射程の中間部分”のみであり、跳弾するタイミングが早すぎたり遅すぎたりすると計算通りに跳ね返ってくれない可能性があるのだ。

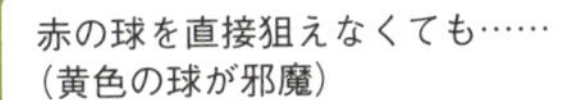

跳弾射撃（スキッピング・ショット）

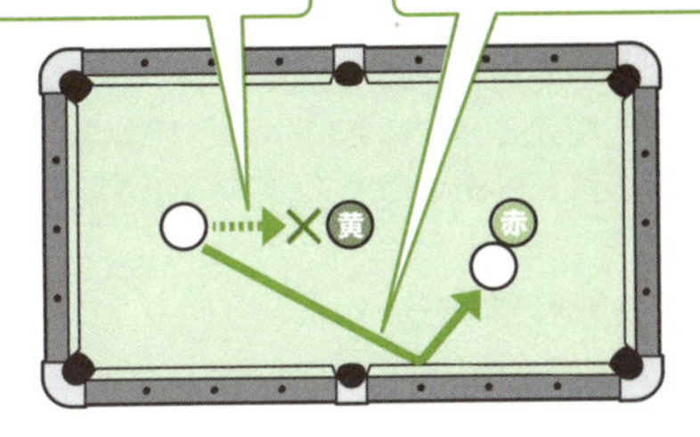

ビリヤードのように
「跳ね返り（反射）」を利用した射撃は可能か・・・？

理論上は可能だが条件がある。

条件その1 使用する弾丸が軟らかいものでないこと。

⇒軟らかい弾丸だと跳弾の際に砕けてしまって標的まで届かない。

条件その2 跳弾するのが発射直後や射程ギリギリでないこと。

⇒最初と最後は弾丸の回転が不安定なので、期待通りの角度で跳ね返らない可能性がある。

もちろん「どこに当てて跳弾させるか」という点は念入りに検討する必要がある。

ワンポイント雑学

銃弾はビリヤードの球とは違うので、跳ね返る前の角度（入射角）と反射後の角度（反射角）は同じにはならない。一般論として、反射角は入射角より小さくなる。

No.073

ガラスを貫通して敵を狙うには？

比較的薄いガラスに対して対物狙撃銃のようなハイパワー銃を使用するならば、あまり深いことを考える必要はない。そうでない場合、スナイパーはガラスを貫通する際の影響を考慮した上で照準に微調整を加える必要がある。

●防弾ではなくても影響はある

ガラスを貫通させて標的を狙う場合、まず弾道に影響を与えるガラスの種類を把握しておく必要がある。普通は“防弾か、そうでないか”のみを考えがちだが、防弾ガラス以外にも特殊なガラスの種類は多い。

「積層ガラス」はラミネートフィルムなどを使って複数枚のガラスを重ね合わせたものである。最近の自動車はこのガラスをフロントガラスに使用しており、弾丸が命中してもヒビが入るだけで飛散することはない。

「強化ガラス」はいわゆる安全ガラスと呼ばれているもので、高温で熱処理したあとで急速に冷やすことで密度を高めている。商業施設などの大型ガラスや、自動車のサイドガラスなどに使われている。広範囲に加えられた衝撃は分散してしまいハンマーで殴っても割れない反面、尖ったもので強く突くとあっさり砕け散る。

「耐熱ガラス」は強化ガラス（安全ガラス）より低温で処理されたガラスである。強度は強化ガラスの半分くらいで、砕けたときの破片も大きい。

「有芯ガラス」は古い工場の窓などに使われている、針金状（ワイヤー）の格子が挟み込まれたガラスだ。割れてもワイヤーによって原形をとどめるため、弾丸を貫通させることは難しい。

肝心の「防弾ガラス」については、ガラスに施された処理自体は積層ガラスや強化ガラスと同じもので、挟み込まれるフィルムの種類やガラスの厚さによって防弾効果を向上させている。

弾の速度や形状もガラス越しの射撃において考慮すべき要素である。一般的に「高速弾」に分類される弾ほど貫通しやすいが、弾の重さが軽いと貫通後の弾道が不安定になる。弾頭形状はガラスの種類によって相性があるので注意しなければならない。

ガラスの向こうの標的

ガラスは簡単に割れてしまうため
銃弾の軌道に影響を及ぼさない……？

そんなことはない。

耐熱ガラス
強化ガラス
積層ガラス
有芯ガラス
防弾ガラス

弱 ↔ 強（狙撃耐性）

弾の直進性を変化させる要素

- ガラスの種類や厚さ
- 弾速と弾頭形状
- 命中したときの角度

これらの要素を考慮した上で、最小の変化で済むよう計算する。

銃撃によりガラスが砕け散る場合

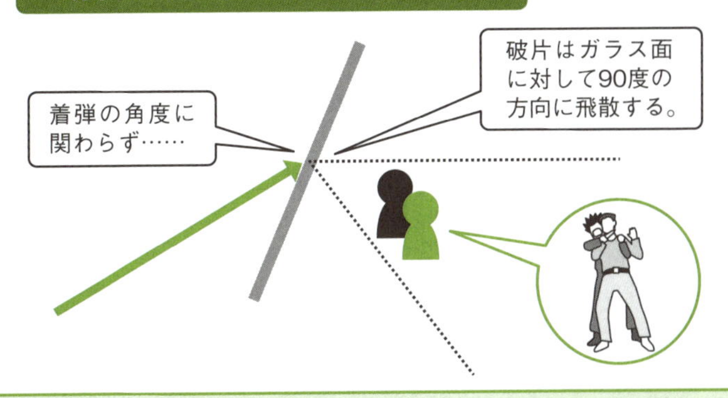

着弾の角度に関わらず……
破片はガラス面に対して90度の方向に飛散する。

人質事件の犯人などが窓の近くにいた場合、この特性を利用して破片を浴びせ無力化を試みることができる。

ワンポイント雑学

警察の狙撃部隊などが用いる合理的な方法が、2人以上の狙撃手が同時に撃つというやり方だ。1発目の銃弾がガラスを砕いたあと、障害のなくなった空間を2発目が通過して標的に命中する。

No.074

動いている目標を狙撃するには？

見通しのよい場所に身をさらし、動かず棒立ちのままでいてくれる……。そんな理想のターゲットには、なかなかお目にかかれない。スナイパーは移動する標的を、正確にヒットできる技能を身につけている必要がある。

●標的の動きを”見越す”

標的までの距離と標的が動くスピードにもよるが、通常、移動目標に対して直接照準しても命中させることは難しい。弾が標的まで飛んでいく間に、移動を続ける標的がその場からいなくなってしまうからだ。

スナイパーは移動する標的を狙う必要がある場合、現在地点の少し先に照準をつける必要がある。このように少し先を狙うことを“リードを取る”という。リードはこちらに向かってくるものや遠ざかるものに対してはそれほど取る必要がないが、横方向に移動する標的に対しては相応の長さを取ってやる必要がある。

どれくらいのリードを取る必要があるかは「標的の移動速度」「標的までの距離」「弾薬の初速」など様々な要素が絡んでくる。これらを計算した結果によってスコープの目盛り何個分先を狙うか決まるのだが、腕の立つスナイパーは勘と経験を頼りにその程度を修正する。標的の速度を感覚的に理解するためによく用いられるのが、ターゲットの軌道を後方からトレースし、狙いが標的をリード分だけ追い越したタイミングで引き金を引くやり方だ。

動く標的を直接狙撃するのが難しい場合、少々変速的ではあるが、それと同じ効果を得られる方法がある。標的が“必ず止まる場所”に狙いを定めるというものだ。ターゲットが乗り物に向かって歩いているならドアやタラップなどのところで足を止める筈だし、身を隠せる場所に全力で走っている兵士に対しては移動中を狙うよりも、飛び込んだ遮蔽物の陰から頭を出した瞬間を狙ったほうが当てやすいということである。

車に乗った標的などは、完全に停止しなくてもカーブや交差点を曲がるときなどはスピードが落ちる。もちろんリードは考慮する必要があるが、こうした点を意識することにより狙撃成功の確率を上げることができる。

移動目標を撃つ

動く標的を直接狙っても当たらない。

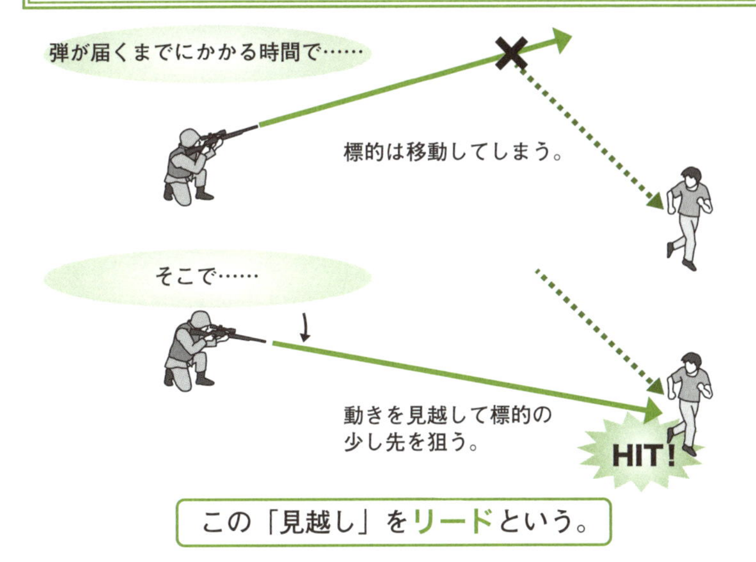

この「見越し」をリードという。

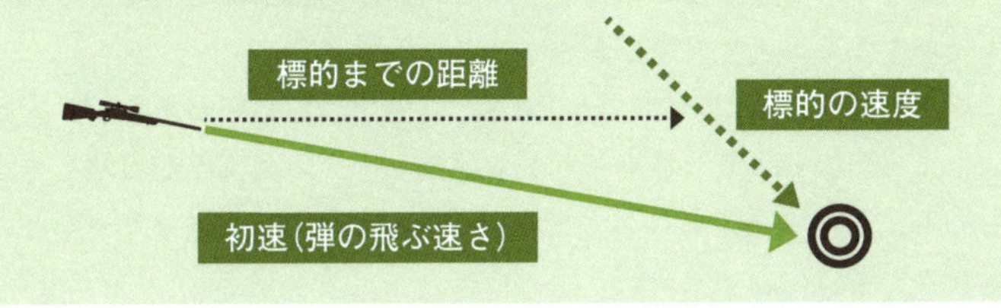

標的が「必ず止まる場所」や「スピードの落ちる場所」で待ち構えるという方法もある。

- 乗り物のドアやタラップ
- 身を隠せる遮蔽物
- カーブや交差点

ワンポイント雑学

動きを見越して先を狙う方法は「迎え撃ち」「待ち伏せ法」と呼ばれる。対して、照準を標的の後ろから移動させ追い越した瞬間に撃つテクニックを「追い撃ち」「追跡法」などと呼ぶ。

No.075

車やヘリに乗りながらの狙撃は可能か？

何かに乗って移動しながらターゲットを狙い撃つというのは、非常に難易度の高い行為である。戦車や戦闘ヘリはFCS（射撃制御装置）によってコンピュータ制御されているが、スナイパーの銃にそんなものはついていない。

●進路と速度を固定すれば何とか……

スナイパーが乗り物の上から狙撃をする場合、車であれば「ハンドルを切らずに速度を120km/hに固定」とか、ヘリなら「標的を左に上空をゆっくり旋回」などといったように、射手が自身の移動方向と速度を把握できるよう配慮する必要がある。

コンピュータを使ったFCSならば複雑な計算も瞬間的に行うことができるが、人間の計算能力には限界がある。リード（見越し）の計算を間違いなく行うために、乗っているものが予想外の動きをしないようできるだけ単純化しなければならないからだ。

ただし標的に近付く、あるいは遠ざかるような進路を選ぶことができるのであれば、見越しについてはあまり考える必要がなくなる。列車の場合は急激に加減速をすることがないし、レールの軌道はあらかじめ決まっているので、先読みをすることで照準を調整することができる。

海に浮かぶ船からの狙撃では波の高さと間隔を読む必要があるが、天候次第では止まっているより“波を切り裂き移動して”いたほうが狙撃しやすい場合もある。この場合、小さなボートよりも大きな軍艦やタンカーなどのほうが揺れの影響は少ない。

ヘリコプターであればホバリング（空中静止）をすることでリードを取る必要がなくなるが、今度は振動の問題をクリアしなければならない。車のように地上を走る乗り物も同様だ。ジープやトラックなどから銃を撃つ際に使用される「マウント」という器具も、地面から伝わる振動や車体の揺れは殺せない。もしスナイパーに神業的な技量があるなら自分の体をクッションにして振動を吸収することでライフルを安定させ、空中のヘリから標的の手にした銃だけを弾き飛ばすような芸当も可能……かもしれない。

移動しながら撃つ

移動しながらの狙撃は非常に難易度が高い。

自分が動いてしまうと
その分だけ照準を調整しないといけないので……

**自分が動く方向と速度を
把握しておく必要がある。**

ほかにも……

車の場合 ⇒ハンドルを切らずに速度を120km/hに固定。

⇒標的を左に上空をゆっくりと旋回。

乗っている乗り物が
「方向を変えず」かつ「速度を一定に保ちつつ」
移動するよう努力する。

**リード（見越し）の計算を単純化
するためにとても重要。**

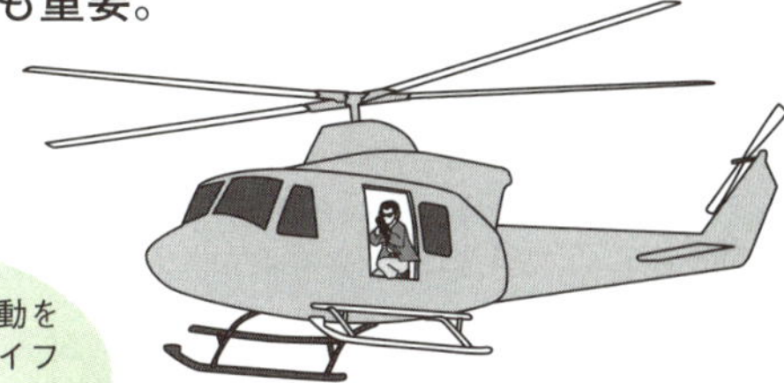

優れた射手ならば、振動を自分の体で吸収してライフルを安定させることができる……かもしれない。

ワンポイント雑学

移動しながらの狙撃ではライフルの銃身が受ける風の影響も考慮する必要がある。特にヘリコプターの場合、進行方向から来る風以外にも「ローターの巻き起こす風（ダウンウォッシュ）」に注意しなければならない。

狙撃やスナイパーを扱った「映像作品」

映像作品には様々なジャンルがあるが、狙撃を主題に据えたものは数えるほどしかない。これは隠れて狙い撃つという行為が大衆受けするメインテーマになりにくいためでもあるが、それでも“実際に起こった事件を下敷きにしたもの”は事件に対する興味が作品への興味と同一化するため、商品として成立しやすい。『パニック・イン・テキサスタワー』のタイトルでTV映画になった「テキサスタワー乱射事件」は、カート・ラッセル演じる犯人が凶行に至る経緯や射殺されるまでが淡々と描かれ、現場の重苦しくも張り詰めた緊張感が画面から滲み出ている（TV映画を含め2003年に2010年、2013年と3本の作品が作られた「ワシントンDC連続狙撃事件」もこれに類するパターンといえる）。2015年公開の『アメリカン・スナイパー』はイラク戦争に4度派遣されたアメリカ軍のスナイパー「クリス・カイル」の半生を描いたもので、除隊後に出版した同名の自伝（邦題「ネイビー・シールズ最強の狙撃手」）が原作になっている。カイルは映画の完成を前にPTSDを患った元兵士に撃たれこの世を去ってしまうが、興行成績は『プライベート・ライアン』を抜いて戦争映画史上トップを記録した。『スターリングラード』は一見“スターリングラード攻防戦をめぐるドキュメント”と思わせておいて、蓋を開けてみると何故か友情と恋愛を描いたヒューマン映画だったりする傑作だ。主役の「ヴァシリ・ザイツェフ」は実在するが、狙撃戦の相手となる「エルヴィン・ケーニッヒ少佐」なる人物はザイツェフの手記に出てくる“ナチの凄腕狙撃兵と戦い勝利した”という記述を具現化した映画的創作で、史実でもソ連側にしか記録がない（名前も「ハインツ・トールヴァルト」「マージャー・コーニングス」など資料によって異なる）。

小説がベースのものは深く考えることなく狙撃の描写を楽しむことができるが“狙撃もの”自体が希少なため、どうしても古典と呼ばれる作品が目立ってしまう。『ジャッカルの日』はフレデリック・フォーサイスの同名小説が原作で、フランスのド・ゴール大統領暗殺を依頼された殺し屋「ジャッカル」と彼を追う老警視の対決を軸に、特殊ライフルの調達や森の中での試射などといった下準備を丁寧に描いている。『山猫は眠らない』は海兵隊のベテラン狙撃兵「トーマス・ベケット」が、腕はいいが経験の浅い相棒（スポッター）と共に麻薬王の暗殺任務に挑む話だ。1993年の作品だが、2014年までに第5弾までがシリーズ化されている。『ザ・シューター／極大射程』の主人公「ボブ・リー・スワガー」は正確無比な狙撃の腕に加え、生存術や現地調達したもので窮地を脱するなど状況判断に秀でた人物として描写されている。ベケットもスワガーもベトナム戦争の英雄「カルロス・ハスコック」を意識したキャラクターで、（日本における「ゴルゴ13」のように）ハイレベルな狙撃手を表現する上で一種のステロタイプとなっている。

第4章
スナイパーの戦術

No.076

狙撃位置はどんな場所が理想？

スナイパーにとって狙撃位置の選定——どこに陣取って引き金を引くかということはとても重要な事柄だ。最初の位置取りを間違えると狙撃に失敗するばかりでなく、自身の生死に直結する深刻な事態を招くことになる。

●好条件の場所は逆に危険

スナイパーはいつも最高の場所で弾が撃てるとは限らない。敵地に潜入しての狙撃だったり、時間的な余裕のない状況だったりと、厳しい逆境の中で難しい狙撃を成功させることを強いられるのだ。それでも少ない選択肢の中から“最も有利”と思われる場所を選び出すことは、スナイパーとして重要な能力である。

ゼロから理想的な射撃陣地を作ることのできる状況は、ほとんどの場合で期待できない。そのため、少しでも理想に近い場所を探すところから始める必要がある。具体的には狙撃対象とその周辺を監視・射撃するための十分な視界が確保できること、ターゲットとの間に300m以上の距離があり、間に何らかの遮蔽物が存在すること、自分自身に接近する敵を発見しやすく、偽装などを行うことによって身を隠すことができる場所であること……などといった具合である。

しかしターゲットを狙いやすい場所だからといって、そこが狙撃に最適であるとは限らない。あまりにも条件が整いすぎている場所は、逆に危険を呼び込んでしまうケースがあるのだ。

例えば道路を見渡せる小高い丘や高い塔の上などは、標的を監視するにも狙い撃つにもうってつけの場所といえる。だが素人目にも「スナイパーが隠れていそうな場所」だということが問題だ。そうした場所に陣取ってしまうと専門家ではない人間にさえ発見されてしまう危険があるし、その道のプロであるスナイパーがいれば一瞬で見破られてしまうだろう。

また、狙撃終了後の脱出ルートが確保できない場所も狙撃位置としてはふさわしくないといえる。脱出に失敗して捕らえられたスナイパーは、多くの場合「報復の対象」として悲惨な結末を迎えることになるからだ。

狙撃位置の選定

ポジションの選定（位置取り）は狙撃の成否に関わる。

- 標的との距離がある。
- 身を隠す遮蔽物がある。
- 近寄る敵を見つけやすい。

これらの条件を満たす場所が「よい位置」である。

少しでもよい位置に陣取りたいと思うのは当然。

あまり好条件すぎても問題がある。

いかにも「狙撃向け」な場所は敵の攻撃目標にされやすい。

絶好の場所を「あえて少し外す」テクニックも。

- 狙撃に適した場所
- 敵に予想されにくい場所

両者のバランスを考慮しつつふさわしい場所を探す必要がある。

狙撃後の逃走ルートは必ず確保しておくこと。
（スナイパーが捕まるとタダでは済まない）

ワンポイント雑学

「高い位置からの狙撃」は視界の確保や周辺の監視に有利である。しかし高い場所に登るほど、場所の変更や急な脱出が難しくなる。

No.077

狙撃は２人１組で行うのが基本？

かつてスナイパーは「一匹狼」のイメージが強かった。しかし現代のスナイパーは軍隊であれ警察組織であれ単独で仕事を行うのは非常に珍しいケースであり、通常は２人１組のチームを組んで任務を遂行する。

●パートナーとの連携が任務の成否を分ける

スナイパーとコンビを組んでその仕事をサポートする要員は「観測手（スポッター）」と呼ばれる。彼らの多くはスナイパーとしての高い知識と技量を備えており、長期にわたって標的の動向を観察する必要があったり、人質立てこもり事件の現場など集中力を持続させなければならないような場所において、スナイパーの交代要員として狙撃を担当することも可能だ。

しかしスポッターといったポジションの人員に求められる本来の役割は、距離や風向きなどといった各種データの収集と分析、発砲後の着弾位置の確認、周辺の警戒監視と危険の排除などである。

データの収集はスナイパー自身でも行うが、基本的なスタンスとして狙撃に集中しなければならない関係上、距離計や風速計などの専用機器を用いた測定はスポッターが行ったほうが効率的なのである。

また着弾位置の確認と次弾の照準調整はスポッターの仕事である。標的が近距離の場合はそれほどでもないが、望遠スコープが必要な遠距離狙撃においては、構えた手が発砲時の反動で数ミリぶれただけでスコープ内に捉えた標的が視界の外に動いてしまうため、狙った場所に命中したのかどうかの確認が難しいからだ。

周辺の監視は重要度が高い。かつてはこういった役割もスナイパー自身がこなす必要があったが、現在ではスポッターがその仕事を受け持つようになった。スポッターはそのために連発の可能な「マークスマン・ライフル」やフルオート射撃のできる「アサルトライフル」などを装備して、スナイパーを無力化すべく迫ってくる脅威からチームを守る。危険度の高い地域では3人1組で行動することもあり、その場合は2人目がスポッターに、3人目が安全確保の要員として任務にあたる。

狙撃チーム

現代のスナイパーは単独行動はしない。

観測手（スポッター）＝スナイパーをサポートする相棒。

役割は……

- データの収集や分析
- 着弾位置の確認
- 周辺の監視・警戒
- 近付く敵への応戦

観測手は多くが高レベルのスナイパーであり、必要に応じて狙撃を担当することもできる。

そして第三の仲間

安全確保要員

周辺の監視や敵の排除などを集中して行う。
近距離用の銃を持ち、狙撃要員には含まれない。

周辺警戒を担当
観的や分析を担当
狙撃を担当
3人1組の狙撃チームでは、それぞれが役割を分担する（2人しかいなければ観測手が3人目の役割も兼ねる）。

ワンポイント雑学

「3人1組の狙撃チーム」を運用する代表的な組織がアメリカ海兵隊だ。海兵隊の3人目のメンバーはアサルトライフルのほかに短機関銃やショットガンを携帯し、チーム周辺の警戒にあたる。

No.078

どれくらいの距離まで狙撃できるか？

銃の射程には「最大射程」と「有効射程」という考え方がある。最大射程とは物理的に銃弾を飛ばせる限界ともいう距離だが、それに対して有効射程は命中した物体に対して十分な殺傷力を発揮できる距離といえる。

●射程は状況によって変化する

最大射程を飛んできた弾は持っているエネルギーのほとんどを使い果たしているため、人や物をどうにかできる威力は残っていない。的に当てればOKな“射的”ならばともかく、この距離での狙撃は現実的ではない。

標的を“狙う”ことができ、十分にダメージを与えようと思うならば、狙撃は有効射程の範囲内で行われるべきである。発射する銃や弾丸の種類、火薬（発射薬）の配合などによっても変わってくるが、一般的に狙撃銃に用いられる「7.62mm口径」のオートマチック・ライフルならば800～1km程度が有効射程であると考えてよい。これが「5.56mm口径」のアサルトライフルになると200～300m程度になる。

ポリス・スナイパーが犯人を狙撃しようとする場合、この距離はさらに短くなる。一般に有効射程の半分以下、場合によっては3割程度の距離でないと狙撃が可能であると判断されないのだ。つまり7.62mmのライフルであれば200m、5.56mmなら100mといった具合である。

これは警察という組織の使用するスナイパーライフルの性能が悪いわけではなく、組織の特殊性に原因がある。万が一にも狙いを外してしまったり、犯人を一撃で無力化できなかったばかりに人質を死傷させたり爆弾のスイッチを押されてしまったりすることがないように、十分接近して確実な狙撃をする必要があるのだ。

50口径弾（12.7mm弾）を使用する対物狙撃銃は別格で、2km近くの有効射程がある。この距離になると敵から反撃される可能性が限りなく低くなるということもあり、射手は狙撃に集中できる。長距離狙撃の記録は多くがこの口径の銃によって達成されており、2012年にオーストラリア軍の兵士が更新した2,815mの記録も50口径の『バレットM82A1』によるものである。

狙撃のできる距離

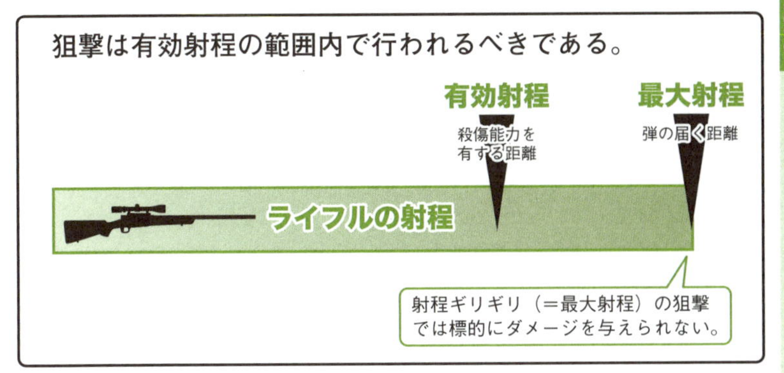

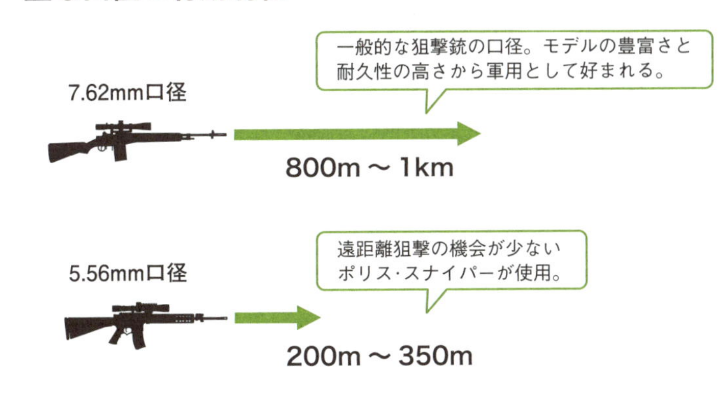

ワンポイント雑学

高地では空気が薄くなるため、ほとんどの弾薬の最大射程は上昇する。

No.079

効率的に標的周辺の状況を把握する方法は？

スナイパーが標的の周辺を観察する技術には「クイックサーチ」と「ディテールサーチ」と呼ばれるものがある。スナイパーはこの２つの方法で（スポッターがいる場合は交互に分担して）情報を収集する。

●クイックサーチとディテールサーチ

スナイパーの「仕事」は標的の周囲を綿密に観察するところから始まる。弾丸を遠くまで間違いなく飛ばしてヒットさせるという技術的な理由だけでなく、周囲に異常があるなら即座に対応できるようにするためでもある。また異変を察知することは身の安全につながると同時に、味方の応援を要請する根拠にもなるので、任務の成功率を上げることにもなるのだ。

まず行われるのが「クイックサーチ」と呼ばれる方法である。これは短い時間（30秒以内）で視界を右から左、左から右へと素早くチェックするのが特徴だ。じっくり目をこらして異常を探すというよりも、視界に映る景色の中から“感覚的な違和感の源”を見つけ出すイメージである。

クイックサーチを行ったあとは、同じ場所を今度は詳細に、注意深く観察する。この方法を「ディテールサーチ」という。

ディテールサーチを行う際は、対象となる場所を地上部分と上空、さらにはその中間部分に分割して観察する。地上部分は道路や橋といった大地に面した部分である。地雷などのトラップが仕掛けられていないか、仕掛けられていそうな場所はないかをチェックする。

次に中間部分をチェックする。この部分は地面から人の背丈程度の範囲を指す。建造物などはその造りや出入り口・窓などの形状とサイズを把握し、建物内部に敵――特に敵の狙撃手が潜んでいる可能性はないかにも注意する。車両の位置や数などもこの範囲で確認する。

上空のチェックとは建物の屋根や屋上、電柱の上などである。遠くの森の木の上や、遠方の山の稜線も忘れてはならない。特に山の向こうからは敵の砲撃部隊が攻撃を仕掛けてくる可能性があるし、ヘリコプターが逆光を利用して飛んでくるのも稜線の向こうからだからだ。

クイック&ディテール

スナイパーの仕事は「観察」することから始まる。

それは すなわち……

狙撃の「命中率向上」のため。

自身の「生存率向上」のため。

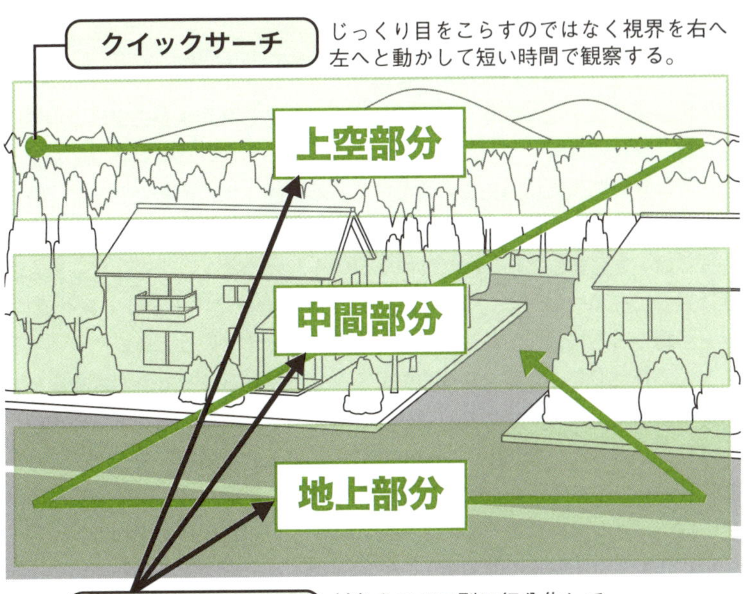

クイックサーチ
じっくり目をこらすのではなく視界を右へ左へと動かして短い時間で観察する。
上空部分
中間部分
地上部分
ディテールサーチ
対象をエリア別に細分化して詳細に、注意深く観察する。

「クイックサーチ」と「ディテールサーチ」という2つの手法をスナイパーと観測手が交互に、かつ繰り返し行う。そうすることにより観察の精度を高めると同時に、先入観を排除することができる。

ワンポイント雑学

軍にしろ警察組織にしろ、スナイパーの投入は情報収集を期待して行われるケースが多い。作戦地域を監視・観察するスナイパーは、その情報を"誰にでもわかる"形で共有することが求められる。

No.080

物陰からの射撃はどれだけ有効か？

スナイパーにとって隠れる技術は重要かつ必須のものだが、それだけでは不十分なことがある。仮に偽装が完璧で敵がこちらを発見できなかったとしても、適当に乱射した弾が偶然当たってしまうこともあり得るからだ。

●遮蔽物の重要性

ミリタリー・スナイパーにとってはカモフラージュ（偽装）と同様かそれ以上に、遮蔽物を選んだり、なければ作ったりするスキルが必要になってくる。特にマークスマンやスカウト・スナイパー、あるいは撤退戦でしんがりを任されたり防衛戦において侵攻してくる敵部隊を足止めしたりなど“戦場に長くとどまって行動する”任務を与えられた場合、その重要度は増す。

彼らは1発狙撃したらそれで終わりというわけではない。少しでも長く戦場に残って仕事を続ける必要がある。もちろん全身全霊をかけて身を隠し、たえず動くことによって敵に反撃されないようにするのは大前提だが、ほとんどの場合は多勢に無勢な状況なので不意をつかれることもある。そうした場合に備えて、銃弾を止めるだけの防御力がある遮蔽物を活用するのだ。

自分の背負っていたザックを使って依託射撃をする場合、ザックの中身が敵弾を止めてくれるケースがあるし、土も有効な遮蔽物だ。標的の監視のために掘ったタコツボは身を隠すと同時にスナイパーを守ってくれる。

ポリス・スナイパーや暗殺者としてのスナイパーは、遮蔽物についてはあまり考えなくてもよい。彼らの標的は武装した凶悪犯や重要人物（VIP）などだが、彼らやその護衛が“狙撃銃なみの距離”から反撃してくるような武器を持っていることはまずないといえるからだ。

武装凶悪犯に対する場合は突入部隊と連携したり、2～4人以上の複数で同時に狙撃したりするので、犯人を殺してしまったり人質が助からなかったりすることはあっても、犯人とスナイパーが撃ち合うようなことはない。

また暗殺者としてのスナイパーは標的が狙撃を警戒して要塞のようなところに立てこもっていない限り、狙撃の成功と同時にその場を離れてしまえば相手が混乱しているうちに逃走することができるだろう。

防御力のある遮蔽物

身を守る「盾」としての遮蔽物は可能な限り確保したい。

特にミリタリー・スナイパーにとっては
あるかないかで生存率が大きく変わる。

ザックなどを使った供託射撃。

ザックの中身が敵弾を止めてくれる。

身を隠すための「穴」（タコツボ）

盛り上げた土が敵弾を止めてくれる。

もちろん自然の岩や木、レンガやコンクリートでできた建物なども立派な遮蔽物として活用できる。

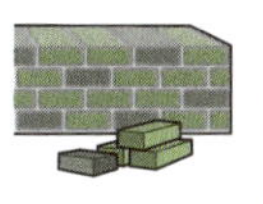

同じスナイパーでも……

ポリス·スナイパー	暗殺者としてのスナイパー
撃ち合いの可能性は少ない。	1発撃ったあとはすぐ逃走する。

↓

あまり深刻に考える必要はない。

ワンポイント雑学

市街地では「2階以上の高さを持つ建物」が狙撃陣地として好まれる。見通しがよく、遮蔽物としても機能するからだ。また狙われる側も、自分の目線より高い場所には注意が向きにくい。

No.081

なぜ「隠れる」技術が重要なのか？

スナイパーにとって「発見されない」ための技術は必須である。ポリス・スナイパーのように姿を見せることで抑止力を生み出すケースもあるが、本質的には「潜伏場所がわからない」ことこそがスナイパーの強みといえる。

●発見されない能力

スナイパーは見つからないことにこそ価値がある。もちろん1発でも撃ってしまえばそれによって射撃位置を特定されてしまう可能性が跳ね上がるのだが、先に見つかりさえしなければ“撃つタイミング”を自分で選ぶことができる。つまり戦闘の主導権(イニシアチブ)を握ることができるのだ。

撃って発見されるにしても、そのタイミングを自分で決められるのなら事前に準備もできるし、状況のコントロールもしやすくなる。身を隠す技術さえ十分にあれば生き残ることは可能だ。逆に射撃がうまくても隠れる技術が足りなければ、自分だけでなく仲間まで危険にさらすことになる。

スナイパーが身を隠すために着込む装備としては、全身にツタや葉っぱのようなものをくくりつけた「ギリースーツ」が有名だ。こういった装備は確かに有効だが、市街地や建物の中で狙撃を行う際にはあまり役に立たない。

こうした場所では、板や家具などを適切な場所に配置して身を隠すほうが効果が期待できる。影を利用するのも有効な方法だが、太陽の位置によって影が移動するので、現地の日照時間を完全に把握しておく必要がある。

開けた場所にいる場合でもカモフラージュの手段は存在する。地面や岩などの色と同系色の服や布を使って見分けをつきにくくするのはオーソドックスな方法だが、柵や小路、線路などといった直線上のものがあれば、それに手足を沿わせて横になることで背景と一体化することもできる。

それまで完璧に隠れおおせていても、いざ狙撃の瞬間になった段階で発見されてしまうといったケースも珍しくはない。太陽の現在位置を失念し、スコープのレンズ面に光が反射してしまうような事例はその最たるものであろう。発砲時に銃口付近から巻き起こる粉塵も目立つので、水をまいたり濡れタオルを敷いたりして対応しておく必要がある。

カモフラージュの技術

ほかから「見えない」ことがスナイパーの強み。

・見つかりさえしなければ、選択肢が広がり行動しやすくなる。
・射撃のスキルが高くても居場所がバレてしまっては「次に打つ手」が限られてしまう。

野外では「ギリースーツ」などを活用する。

太陽の位置や日照時間は忘れずに確認しておく。

市街地などは人工物を利用したほうが効果的な場合もある。

開けた場所でもやりようはある。

「保護色」を利用するのが基本で、色や模様を背景に溶け込ませる。建物の柵や鉄道のレールなどの直線でもそれに沿って寝そべることで、体を溶け込ませることができる。

「発砲時」は特に注意が必要！

- スコープのレンズ面に太陽光が反射する。
- 発砲煙や巻き上げた砂塵が目印になる。

ワンポイント雑学

保護色に代表される「錯誤」を利用するのは有効な方法である。道ばたの石ころのように、見えてはいるが気がつかない、認識されないという状態にするのが理想といえる。

No.082

隠れた目標を撃つときの注意は？

相手が遮蔽物に身を隠していても、まっとうなスナイパーであればわずかな隙間の向こう側に弾を送り込む技量は持っている。注意しなければならないのは当てられるかどうかではなく、撃つべきか否かの判断である。

●一部分から標的の全体像を予測する

スナイパーは最初の1発こそ、無防備に身をさらしている標的に弾丸を撃ち込むことができるだろう。しかし誰かが「狙撃だ！」と叫んだとたん、敵の多くは近くの遮蔽物に身を隠してしまい、そのあとは標的に弾を命中させることが難しくなる。

スナイパーを名乗る以上、敵が身を隠していてもどうにかしなければならない。どうあっても弾を通さないコンクリートの塊に身を隠されてはお手上げだが、藪の端や壁の切れ目から敵の装備や体の一部が見えているような状況では、そこから見えない部分を推測して急所の位置を特定するという手段を使うことができる。

ポリス・スナイパーが狙撃を行う場合、標的は最初から何かに身を隠しているパターンのほうが多い。状況によっては狙撃の可能性など全く考えていない犯人もいるが、建物の中に立てこもっていたり、人質を盾にしていたりするケースがほとんどなので、狙うのに苦労することになる。

軍事作戦において敵がカウンター・スナイパーを配置していることが予想できる場合、隠れ場所を予測して弾丸を叩き込むことは生死に直結する事柄といえる。敵がこちらを発見して弾を撃ってくる前に仕留めなければならない。しくじれば瞬く間にこちらの位置を特定されて、必殺の一撃を放ってくるのは間違いない。相手の練度は未知数だが、自分と同じかそれ以上と考えておかないと足下をすくわれることになる。

自分ならどこに隠れるか。どこに潜んで相手を出し抜こうとするか。狙撃兵の思考は狙撃兵が一番理解できる。もし敵となった狙撃兵の性格がわかっているならば、その人物になりきって思考することも重要だ。不十分な偽装や消し損ねた痕跡は、こちらを誘う罠という可能性もある。

隠れている標的

スナイパーは最初の1発こそ
無警戒の相手に弾を撃ち込めるが……。

その存在が明らかになってからも
無防備に身をさらす者はいない。

そこで見えている部分から「隠れている」部分を推測して狙いをつける必要がある。

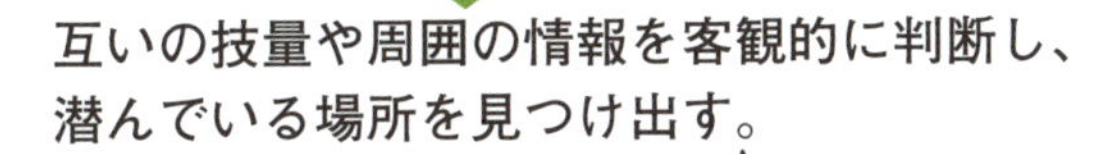

敵の位置を推測して先手を打つのは
自分が生き残るためにも重要なこと。

1撃で見つけて仕留めないとこちらが反撃される。

互いの技量や周囲の情報を客観的に判断し、
潜んでいる場所を見つけ出す。

相手を侮ることなく、罠の存在も
考慮して慎重に決断する。

ワンポイント雑学

遮蔽物からはみ出ている靴のつま先や銃身は「スナイパーを誘い出すワナ（先に撃たせて場所を探り出す）」の可能性もあるので、慎重に判断しなければならない。

No.083

部屋の中から狙撃するには？

市街地で目標や周囲の人間に気付かれないよう狙撃する場合、室内に潜むというのは一つの選択肢である。野外の穴ぐらや茂みでチャンスを待つ苦労に比べれば、事を起こすまで気力と体力を温存することができるからだ。

●偽装や防弾の効果も

部屋の中から外を狙うには2通りのやり方がある。一つは素直に窓から狙う方法。もう一つは壁に穴を開けてそこから狙うというものだ。後者は一見乱暴なようだが、戦闘状態にある市街地では建物が破損——穴が開いている状態というのは珍しい光景ではないので有効な方法といえる。

どちらの場合にも共通している注意点は、あまり窓や壁の穴に近付かないということである。窓から身を乗り出して撃ったり、壁の穴から外に銃身を突き出して撃つようなマネはNGなのだ。特に「窓」はただでさえ敵の注意を引きやすいものであり、そこから銃身がニョッキリ突き出ていれば怪しさも倍増である。こうした行為は敵にこちらの居場所を教えてやることにほかならず、部屋の中に隠れている優位性が全くなくなってしまう。

スナイパーは窓や壁から離れた「部屋の奥」に陣取るのがセオリーである。これにより、敵が正面に回り込まない限り発見されにくくなるからだ。また室内の明かりをつけずに薄暗くしておけば、明るい屋外から内部をうかがい知ることが難しくなるという理由もある。

スナイパーが標的の観察や監視、道路の封鎖などといった理由で部屋に腰を据える必要があるときは、家具などを有効に利用する。テーブルは即席の射撃台になるし、椅子に座れば無駄な疲労をおさえることにつながる。大きめの戸棚があればバリケード代わりに使うこともできる。

建物内からの狙撃は「敵に発見されにくい」「身を守るための遮蔽物が多い」などのメリットがあるが、ひとたび場所を特定されてしまうと包囲されて逃げ場がなくなってしまう危険もある。脱出ルートの確保と周辺警戒の徹底は必須事項であり、それができないような状況であるなら建物内からの狙撃は行うべきではない。

室内からの狙撃

室内からの狙撃の利点

建物/部屋という立派な「箱（ガワ）」があるので……

⇒自分で作る手間がはぶける。
⇒野外に比べ（比較的）快適。
⇒遮蔽物には不自由しない。

窓から狙う　　壁に穴を開けて狙う

どちらの場合でも……

**外に身を乗り出したり、
銃身を建物の外に突き出さない。**

室内の明るさが外よりも暗くなるようにしておくことで、外からはこちらが見えにくく、こちらからは外が見やすくなる。

建物からの脱出ルートは確保されていない場合、
室内からの狙撃は考えなおしたほうがよい。

ワンポイント雑学

建物や部屋の入り口は死角になるので、特に厳重に警戒・監視するべきである。手が足りない場合はワイヤーを使った警報装置を作るなどして、敵の接近を把握できるようにしておく必要がある。

No.084

優先して狙うべき標的とは？

命は平等であるといわれるが、それがスナイパーの標的になった場合、その価値には「差」が生まれる。スナイパーの安全や属する組織にとって脅威となる相手は重要度が高く、特に優先して排除されるべきである。

●標的の価値

スナイパーが狙撃を行う目的は“標的を狙い撃ってダメージを与えることで本来の能力を発揮できないようにさせ、結果として味方の利益となるようにする”ことである。どうせ撃つなら何を狙えば最も効果が大きいか、よく検討しなければならない。

任務で狙撃対象が明確に指定されている場合には、もちろんその相手を最優先で狙撃するべきである。しかし「自分の命を顧みず、任務達成を最優先する」ということでなければ、無視してはならない相手がいる。それは「敵のスナイパー」だ。これを放置してしまうとこちらの被害が拡大していくばかりか自分自身の安全も脅かされるため、全力で叩き潰す必要がある。

「特殊技能を持った兵士」も優先して排除するべきだ。つまり通信や暗号などに携わる者や、火砲や迫撃砲を扱える人間、偵察要員などである。彼らは一般の兵士よりも経験豊富な場合が多く、簡単に替わりがきかない。こうした人員をリタイヤさせることができれば長期的な意味で敵を弱体化できる。

階級の高い者――「指揮官」も優先順位が高い。偉そうにふんぞり返った将軍様や隊長殿はもちろん、軍曹などの下士官も価値ある標的といえる。現場のリーダー的存在が消えると、指揮を引き継ぐ者が決まっていても高確率で混乱を生み出せるからだ。指揮官の隣に控える「副官」も情報や兵站などを管理していることが多いので、いなくなってくれると非常に助かる。

標的となるのは人間だけとは限らない。車両やヘリコプターといった乗り物や、通信のための施設など、排除することによって味方が得をするものは何だって標的となり得るのだ。こうした「対物目標」は人間と違い“撃たれた”からといって蜘蛛の子を散らすように逃げ去ったりしないので、ある程度は落ち着いて狙うことができる。

何を狙えば効果的か？

重要度の高い標的を優先して狙う。

敵スナイパー ＝ 何をしでかすかわからないので全力で仕留めにかかれ。
→ 最重要目標

特殊技能の持ち主 ＝ 敵にとって代わりが利かない貴重な人材。
- 通信士や暗号員
- 偵察要員
- 火砲を扱える者
- 犬とハンドラー

指揮官 ＝ リーダーがいなくなれば集団は混乱する。
- 地位の高い者
- 下士官など現場のリーダー

副官 ＝ リーダーよりいろんなことを把握していることがある。

対物目標は逃げたり隠れたりしないので……

移動手段 ＝敵の足を奪う。
- 車両
- ヘリコプター

通信手段 ＝敵の目と耳を奪う。
- 無線機
- 通信施設

比較的落ち着いて狙うことができる。

ワンポイント雑学

ハンドラーとは犬を訓練したり指示を出したりする人間である。ハンドラーからの命令がないと犬は能力を十分に発揮できなくなるため、スナイパーが発見されたり追跡されたりする危険を少なくできる。

No.085

撃ってはならない標的は？

撃てばヒットできることがわかっていても、引き金を引いてはいけない標的というものがある。優先順位の低いモノを撃つことによって、より重要である「本来狙うべき標的」を仕留めることが困難になってしまうからだ。

●標的を選ぶ基準

狙撃兵がその場を支配するためだけに仕事をしているのなら、目にした敵に片っ端から発砲しても構わない。戦場を混乱させて敵を壊走させたいようなときや、市街地の特定の道路・建物を封鎖している場合などだ。

しかし任務などで狙撃対象を明確にされている場合は違う。こうしたケースでは計算の上でそうしているのでない限り（基地を混乱させて標的をおびき出したいときや、負傷した仲間を助けにきた標的を狙いたい場合など）、関係ないモノを撃つべきではない。狙撃兵の存在がばれて敵を警戒させてしまったり、こちらの隠れ場所を見つけられてしまう危険があるからだ。

特に「要人暗殺任務」のような場合、狙撃兵をベストの位置に配置するだけでも莫大な手間と労力がかかっているはずである。任務に関係ない敵を倒すのにこだわったばかりに、肝心の任務を遂行できなくなったのでは割に合わないというものだ。

自分が敵スナイパーの排除を任務とする「カウンター・スナイパー」だったりしたならば、この原則はさらに徹底する必要がある。スナイパーの持つ“観察眼”は常人離れしているため、こちらが1発撃っただけであっという間に居場所を特定されてしまうと考えるべきだ。

本来なら相手が先に発砲するのを待ち、身を隠したまま悠々と狙い撃ちたいところなのに、何を好んでわざわざ自分の居場所を敵に教えてやる必要があるだろうか。任務を達成できなくなるだけでなく、敵スナイパーに自分の生殺与奪をゆだねることになるのだ。こんな間の抜けた話はない。

通常は優先して排除すべき通信兵や偵察兵、ハンドラー（犬の訓練士）といった「特技兵」についても、自分が発見されそうだといったような差し迫った危機がなければ、手を出さないでおくのが無難といえよう。

撃たない理由

照準の先には「撃てばしとめられる」獲物が！

そのときスナイパーは……

好き放題に撃ってよい。

「戦場を混乱させるため」「特定エリアの封鎖」など、明確な目的がある場合にのみ許される。

撃たずに様子を見るべき。

撃つことによってスナイパーの存在がバレてしまうので、本来の標的に逃げられたり、逆に攻撃を受ける危険がある。

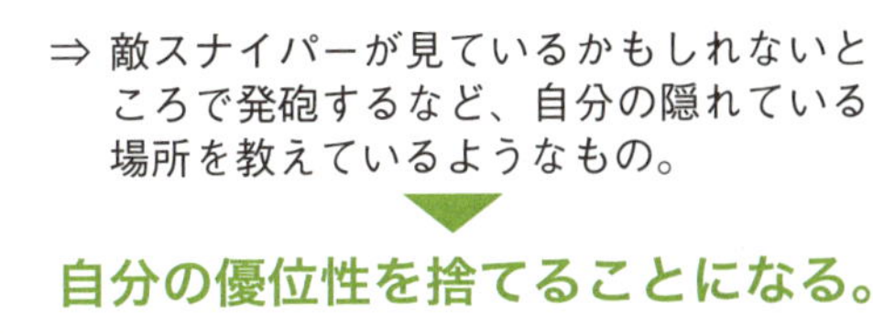

自分が「カウンター・スナイパー」の場合、より慎重な判断が求められる。

⇒ 敵スナイパーが見ているかもしれないところで発砲するなど、自分の隠れている場所を教えているようなもの。

自分の優位性を捨てることになる。

味方がやられようが、おいしい獲物が目の前を横切ろうが、「本来の標的」をしとめるチャンスが来るまでひたすら待ち続けるという忍耐力が必要になる。

ワンポイント雑学

部隊単位で行動している敵が近くにきた場合、隠れることに徹したほうが無難である。1人を狙撃することでほかの兵士の注意を引き、多勢に無勢の状態になってしまうからだ。

No.086

対人狙撃ではどこを狙うべきか？

対人狙撃で重要になるのは「殺していいのか」どうかの判断である。標的を排除する――この世から退場ねがうことが目的であるならば、脳や心臓などといった「急所」を狙って確実に息の根を止めるべきであるが……。

●急所を外すという選択肢もある

対人狙撃の際には「頭や心臓などを狙って一撃で息の根を止めるべきである」という考え方がある。1発で仕留めなければ逃げられたり隠れられたりしてしまうし、人質が殺されたり手にした爆弾のスイッチを入れられてしまったりする可能性もあるからだ。

同時に「急所を狙うなどもってのほかだ。半殺しにして戦えなくしておいて、さらに助けに来た仲間を狙撃したり、救護や搬送などで人的リソースを圧迫するべき」という考え方もある。

敵の将校を戦場から取り除こうとするなら、出血によるショックや失血死を引き起こすような場所を狙うだけでよい。その場で即死しなくても、数日後に死んでくれれば任務は達成できたことになる。

また社会的な抹殺――バイオリニストの指やアスリートの脚など、その部分が使えなくなることで音楽家生命や選手生命を終わりにしたいのであれば、人体の仕組みを熟知し、その部分の機能を確実に、かつ治療が不可能なレベルで破壊してやる必要がある。

敵を混乱させたり、恐怖させることが目的の狙撃であれば、人体の完全破壊にこだわらなくてもよい。撃たれたことが周囲に伝わり、パニックになればそれで目的は達成される。その場合、死に至らしめるよりもなるべく多くの出血を強い、痛みの激しい場所を狙ったほうが効果的だ。

脚を撃って動けなくしたあと、なぶり殺しにするようなやり方はこの典型である。しかしこの場合、パニックに陥った敵がなりふり構わずこちらの方向に銃を乱射してきたり、倒れた味方を助けようとこちらに反撃してくる可能性があるので、1発撃ったあとすぐに移動して射撃位置を変えたり、敵の武器の射程外から攻撃するなどの防衛策が必須となる。

人間を狙って撃つ

標的が「人間」の場合。

どこに照準を合わせるのがよいか？

急所を狙って1撃即死。

⇒ 脳や心臓が破壊されれば人体はその活動を停止する。

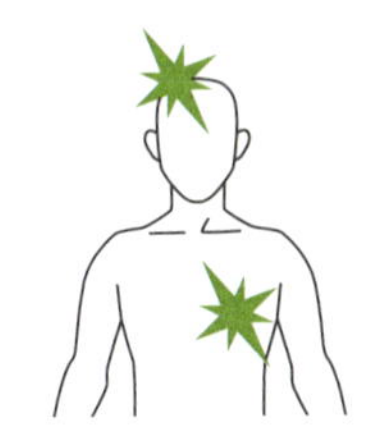

即座に無力化されるため、爆弾のスイッチを押されたり人質を殺傷される危険が少なくなる。

確実性が求められるポリス・スナイパーや暗殺を目的とした狙撃の場合、これが最も合理的な方法になる。

急所を外して半殺し。

⇒ 手足の末端部分を狙って苦痛を与えたり、主要な血管を傷つけて出血多量に至らしめる。

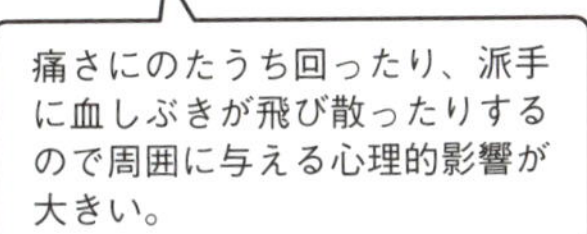

痛さにのたうち回ったり、派手に血しぶきが飛び散ったりするので周囲に与える心理的影響が大きい。

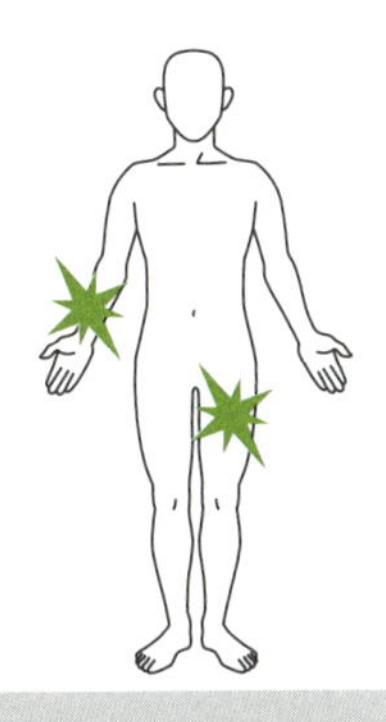

ミリタリー・スナイパーが数の多い敵を撹乱したりするときや、暴力組織に雇われた殺し屋が見せしめのために行う狙撃には、こうしたパターンが多い。

ワンポイント雑学

胴体を狙うのは頭よりずっと簡単だが、頭を破壊された場合に比べて「即死に至る確率」は低下する。

No.087

狙撃にはライフルを使うとは限らない？

ライフルはその威力や命中精度で狙撃を行うのに適した銃器であるが、大きくて長いので持って歩くと非常に目立つ。標的から離れた人気のない所で撃てるなら問題ないが、ライフル以外の得物で狙撃したほうがよい場合もある。

●ライフルも万能ではない

狙撃にはライフルを使うのがセオリーではあるが、状況によってはそうもいかない場合もある。特に標的が建物の内部——例えば議場のようなところで演説していたり、劇場の舞台に立っていたりした場合、何百ｍもの遠くからライフルで狙撃することは難しいだろう。

標的を視認できる倉庫や放送用ブースのような人目につきにくい場所を確保できれば理想だが、それが無理ならば持っているだけで目立つライフルは使えない。そこで服やバッグなどの中に隠しやすい拳銃の出番となる。

拳銃は一部のモデルをのぞいてストックがついていないため、狙ったときの安定性がよくない。ただ使用弾薬が遠距離射撃を想定していない関係上、狙撃可能な距離は遠くても50mあたりまでなので致命的な問題ではない。

サイレンサーは可能な限り装着するべきだが、小口径の弾を使う銃なら装着したときの長さや大きさなど総合的に判断して使うかどうかを決めればよい。スライドが後退しないよう銃に手を加えていれば、標的や周囲に気付かれる可能性をさらに低くすることができる。リボルバーにはサイレンサーを装着できないので、何か特別な理由がない限り選ぶべきではない。

狙撃が行われることが標的にとっても周囲の人間にとっても完全に想定外で、狙撃後に混乱に乗じて逃走できるならともかく、要人暗殺などに拳銃を使うことはリスクを伴う。特に標的の近くにボディガードなどの専門家がいた場合、発砲音と着弾の状況からライフルによる狙撃なのか拳銃による狙撃なのか容易に判断されてしまう。犯人がまだ近くにいるということが明らかになってしまうと、警備要員に狙撃のショックから立ち直るきっかけを与えてしまい逃走できる可能性が低下する。「捕まってもよい」というのでなければ、事前に安全な逃走ルートを準備しておく必要がある。

拳銃による狙撃

ライフルは高性能だがとっても目立つ。

建物内の狙撃では長射程は重要でない。

⇒狙撃にはライフルを使う決まりがあるわけではない。

「拳銃を使う」という選択肢。

欠点
- ストックやスコープがつかない。
- 射程が短い。

近距離での使用が前提なので問題にならない。

利点
- 持ち運びしやすい。
- 撃つ瞬間まで周囲に気付かれにくい。

集中力を高めるという意味で非常に重要。

※もちろん「精密射撃に不向きな拳銃というツール」を手足のように扱える者でなければ話にならない。

拳銃による狙撃は必然的に標的との距離が近くなるため、綿密な狙撃計画（＝逃走ルートの準備）が必須となる。

ワンポイント雑学

オート・ピストル（自動拳銃）はスライドが前後することで薬莢の排出と次弾の装填を行うため、そこから発砲音が漏れる。スライドを固定して薬室を密閉することで、その音を小さくすることができる。

No.088

機関銃で狙撃できるか？

機関銃といえば大量の銃弾をばらまくものであって、狙い済ました一撃を必中の信念を持って放つ「狙撃」とは程遠い。ギャング映画のように相手を蜂の巣にしておいて「狙撃しました」と言うには少々抵抗があるが……。

●対物狙撃銃の基礎となる

狙撃といえば“狙い済ました必中の一撃”というのが世間一般に通用する共通イメージだが、機関銃による狙撃は戦場で一定以上の戦果をあげ、新たなカテゴリーの狙撃銃（＝対物狙撃銃）を生み出す基ともなった。

機関銃からばらまかれる弾――特に50口径クラスの弾は大きくて重たい弾を大量の火薬（発射薬）を使って撃ち出す。そのため非常に遠くまで届き、弾道もフラットという特性がある。これが狙撃の際、有利に働いたのだ。ただし連射してしまうと2発目以降の命中率が大きく低下して効率が悪くなるため、単射モードを使用したり、1発ずつしか弾が出ないよう改造したりする必要がある。

また口径の大きな機関銃は普通の銃のように構えたり持ち運んだりすることを想定していないので、非常に重く作られている。その重量はハイパワーな銃弾を発射する際に生じる反動をよく吸収し、銃がブレてしまって狙いが外れる可能性を少なくできる。太くて長い銃身は耐久性と熱対策を主眼に設計されたものであるが、狙撃銃の銃身としても十分に要求を満たすことが可能だ。機関銃を地面に固定するための「三脚」を用いることで安定性を高め、スコープを装着した50口径の機関銃による狙撃は、朝鮮戦争やベトナム戦争、フォークランド紛争などといった冷戦期の主な戦場で行われ、有効性が実証された。その戦訓は今日の対物狙撃銃となって結実している。

ただし、こうした利点を享受できる機関銃はいわゆる「重機関銃」にカテゴライズされるものだけで、アサルトライフル用の弾薬を使う「汎用機関銃」や拳銃弾を使う「短機関銃」では、発射薬の量や、弾および銃本体の重量、銃身の長さや精度などあらゆる面でスナイパーライフルに劣るので、単発化したところで狙撃を行うメリットはない。

機関銃での狙撃

機関銃	狙撃
大量の銃弾をばらまく銃。	狙い済ました必中の1撃。

一見相反する2つの要素だが……

・セミオート射撃に限定してスコープを装着すれば「大口径狙撃銃」として運用できる。

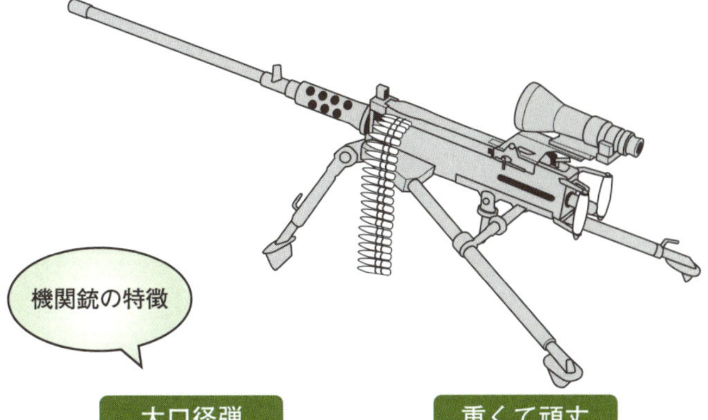

機関銃の特徴

大口径弾

⇒ 威力が大きく弾道がフラットなので狙撃向き。

重くて頑丈

⇒ 発射の反動を吸収し命中精度を向上させる。

短機関銃
汎用機関銃

遠距離狙撃に用いることができるのは「重機関銃」クラスのもので、口径の小さな「短機関銃」「汎用機関銃」では力不足。

ワンポイント雑学

機関銃の給弾は弾薬を50発とか100発単位でつなげた「ベルトリンク」で行うので、弾切れで狙撃のチャンスを逃す危険は少ない。

No.089

戦車や装甲車の狙いどころは？

ジープやトラックなどの車両はともかく、戦車や装甲車などの「硬い」車両は防弾装甲に阻まれて有効なダメージを与えることは難しい。そのための対物狙撃銃ではあるが、どこを撃ってもOKというワケではない。

●目と足がアキレス腱

陸戦の王者といわれる戦車を正面きって撃破することができるのは、基本的には同じ戦車や航空機（対地攻撃機や対戦車ヘリコプターなど）だけである。歩兵に対戦車ミサイルやロケット弾を持たせて攻撃する方法もあるが、戦車の側も飛んでくるミサイルを撃ち落とす装備を積んだり装甲素材を強化したりと対応に余念がない。

対物狙撃銃は「装甲された標的」に対しても一定のダメージを与えることができるが、さすがに相手が戦車クラスでは分が悪い。しかしスナイパーであればピンポイントの精度で戦車の弱点を狙い撃つことができる。外部に露出しているセンサーやカメラ類、覗き窓やハッチ（出入り口）周辺、キャタピラやタイヤなどの足回り、エンジンの吸排気口などが狙いどころだ。

戦車は砲撃や監視のため、車体各所にアンテナやセンサー類を装備している。これらの機器は爆風や砲弾の破片で破損しないよう設計されているが、ライフル弾に直撃されれば無事では済まない。戦車の内部は騒音が激しく外部の音を聞くことができないため、搭乗員は状況把握を視覚に頼らざるを得ない。センサーを破壊され「目」を奪われてしまうと、戦闘力は劇的に低下することになる。キャタピラの接続部分や起動輪などの駆動装置、タンクやパイプなどの燃料系統は外部から判別しやすい。エンジンの吸排気用グリルは装甲で覆うことができないので、ここも明確な急所となる。

歩兵戦闘車や兵員輸送車といった装甲車両は歩兵を銃弾から守るために存在するが、高性能の徹甲弾や対物狙撃銃の登場によってその価値は大きく低下した。走行装置や燃料系統、ドライバーを狙うといった手段は対戦車の場合と共通であるが、対物狙撃銃を用いれば車体そのものを狙ったとしても十分なダメージを与えて走行不能にしたり、内部の乗員を殺傷したりできる。

戦車や装甲車を狙撃する

「狙いどころ」がわかれば狙撃はさほど難しくない。

戦車の狙撃ポイント

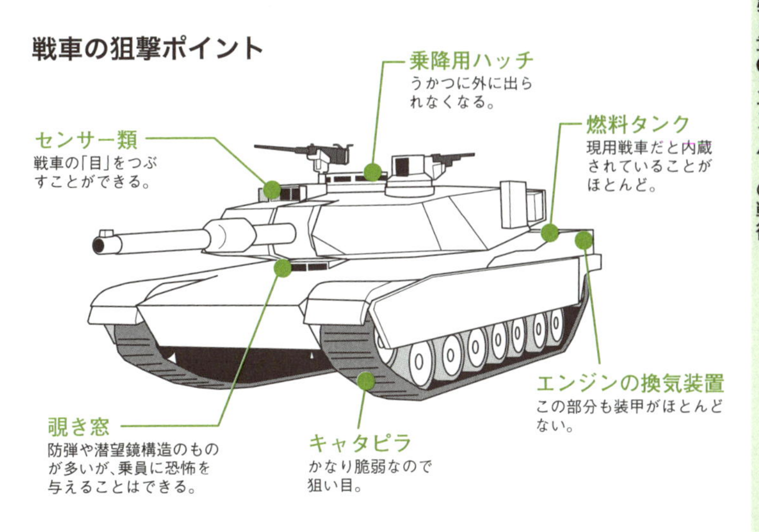
乗降用ハッチ
うかつに外に出られなくなる。
燃料タンク
現用戦車だと内蔵されていることがほとんど。
センサー類
戦車の「目」をつぶすことができる。
エンジンの換気装置
この部分も装甲がほとんどない。
覗き窓
防弾や潜望鏡構造のものが多いが、乗員に恐怖を与えることはできる。
キャタピラ
かなり脆弱なので狙い目。

装甲車両の狙撃ポイント

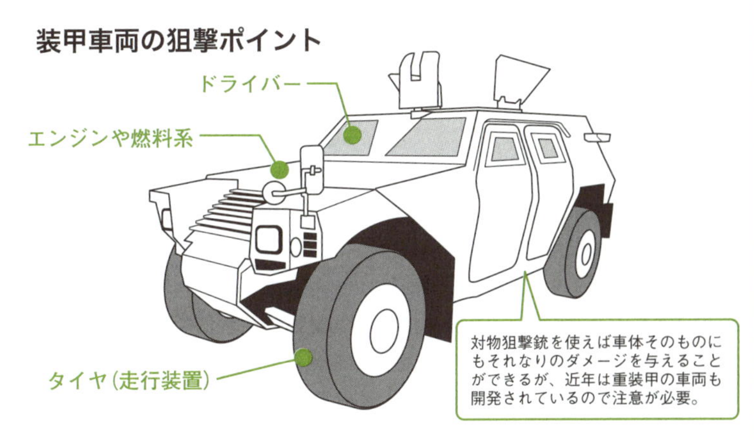
ドライバー
エンジンや燃料系
タイヤ(走行装置)
対物狙撃銃を使えば車体そのものにもそれなりのダメージを与えることができるが、近年は重装甲の車両も開発されているので注意が必要。

ワンポイント雑学

装甲車両を狙う際は可能な限り高所から狙撃するようにしたい。装甲車両は上方が死角になっていることが多く、発見されにくいからである。

No.090

軍艦を狙撃しても意味がある?

戦艦や巡洋艦などといった軍用艦艇をスナイパー個人の狙撃銃でどうにかしようと考えるのはナンセンスだ。しかし現代の海軍が運用しているイージス艦のような、ハイテク兵器を満載した戦闘艦なら話は少し違ってくる。

●現用艦の装甲は薄い

現在のように水上艦艇が高度に自動化・コンピュータ化されるまでは、軍艦の装甲はスナイパーのライフル程度でダメージを与えられるようなものではなかった。敵艦の撃ってくる砲弾や航空機の攻撃に耐えられるよう設計された軍艦にとって、ライフル弾など豆鉄砲のようなものだ。

しかし水上艦艇の目的が「敵艦との砲撃戦」から「遠距離からのミサイル攻撃や、それに対する防空」などといったものにシフトしてからは、その装甲は最低限のものになっていった。50口径の対物狙撃銃を用いれば、装甲を貫いて内部にダメージを与えることも不可能ではなくなってきたのである。

またモジュール構造の採用など艦船の設計が効率化されてきたことで、ある程度の知識があれば重要区画の位置などを推測するのが難しいことではなくなった。コンピュータ制御されたハイテク兵器は一ヶ所が機能不全を起こすと全体が影響を受ける。バックアップシステムなどが作動するので艦の戦闘力全てをゼロにはできないまでも、性能を低下させたり制限することは可能なのだ。特にレーダーやセンサーなどの機器は外部からでも目立つ場所にあるので簡単に識別することができる。電子戦に不可欠な機器の機能を奪われた艦艇は、やはり戦闘力を大きく低下させることになる。

だがいくらスナイパーの脅威が増したといっても、有効なダメージを与えることができるのは船が港などに停泊しているときか、運河や閘門を通過しているようなときに限るということを忘れてはならない。これは銃の射程の問題もあるが、広い洋上では船舶のレーダーや迎撃兵器がフル稼働できるため“狙撃する隙”を見い出せないためだ。陸地が近いとレーダーが余計なものまで感知してしまうため役に立たず、狭い港湾地域では艦船の機動力も殺されてしまうため、スナイパーの側にもつけいる隙が生まれるのである。

軍艦を狙撃する

現用艦艇はあまり装甲が厚くない。

洋上艦の狙撃ポイント

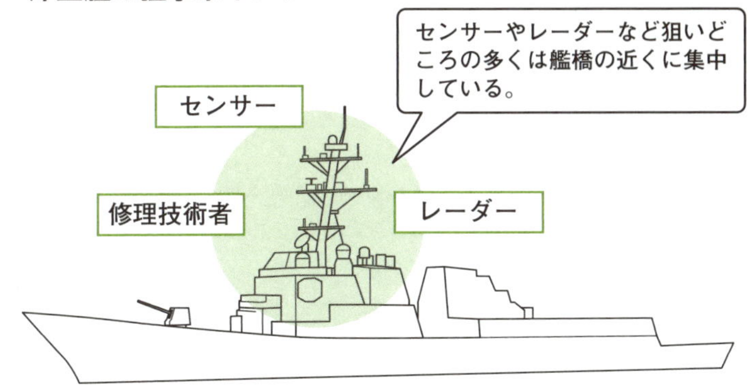
センサーやレーダーなど狙いどころの多くは艦橋の近くに集中している。
センサー
修理技術者
レーダー

スナイパーの武器では艦船を「沈める」ことはできないので、電子・通信器機などを破壊して「目を奪う」ことで戦闘能力を低下させる。

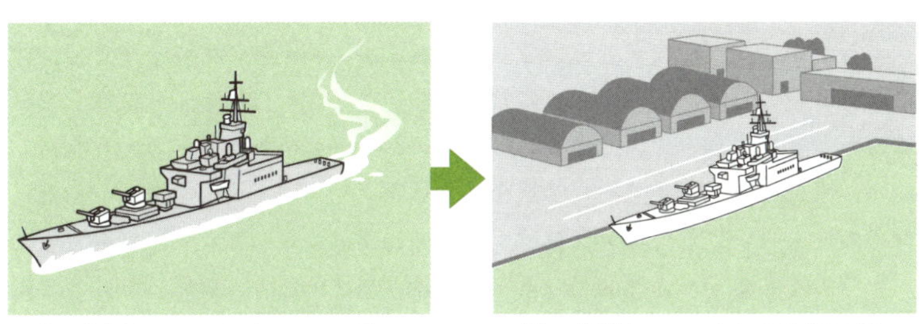

船が洋上にいるときはレーダーなどで接近するものを警戒しているので、射程内に収めるのが困難。

港に停泊しているときは船の能力が制限されるのでスナイパーの側にもつけいる隙が出てくる。

ワンポイント雑学

軍用艦艇を標的とする場合、まずはセンサーやレーダーを撃って故障させる。そして修理のために上がってきた技術者を射殺することによって、より大きなダメージを与えることができる。

No.091

航空機を狙撃するには？

いくら凄腕のスナイパーといえど、弾の届かない高さを飛ぶ航空機を撃墜することはできない。航空機を狙撃するには地上にいる間を狙うのがセオリーで、完全破壊に至らなくとも長期にわたって飛行を阻止することができる。

●飛行中は手が出ないので……

航空機を狙撃のターゲットにできるのは、格納庫の中や滑走路で待機しているようなときしかない。高速で飛行する標的を相手にするよりも、地上にいる間に狙い撃ったほうが現実的だからだ。

翼は航空機にとって重要な部位である。翼の後端には「フラップ」や「エルロン」「ラダー」といった揚力（空に浮く力）や機体の傾き・方向をコントロールする部品があり、これが壊れると離着陸が困難になったり空中で機体の方向を制御できなくなる。

また機体の総面積の中でも大きな割合を占める「主翼」の内部は燃料タンクを兼ねていることが多く、予備燃料を入れる「増槽」と共に狙いどころといえる。中がカラでないことを確認してから焼夷弾（弾頭に可燃性の焼夷剤を詰めた弾）を撃ち込んでやれば、引火・誘爆を期待できる。

エンジンはわずかなダメージで不調を起こす。戦闘機のような小型の機体であれば胴体の後部に、サイズの大きな輸送機などでは翼の下に位置していることが多い。エンジンそのものにダメージを与えられなさそうだと判断したら、吸気ファンやその近くに弾を撃ち込んでやってもよい。ファンや構造材の破片を吸い込んだエンジンは、瞬く間にダメになってしまうからだ。

着陸脚も考慮すべき標的といえる。着陸は当然のこと、離陸の際にも車輪には荷重がかかるため、完全に破壊できなくても何らかのダメージがあるというだけで点検・修理をしなければならなくなる。

機首やコクピット周辺の電子機器を銃撃するのも有効だ。特に機首内部にはレーダーなど飛行に必要な機器が格納されており、わずかなダメージで機能停止する。またコクピットの風防（キャノピー）はデリケートな部位なので、少し傷をつけるだけで修理工場送りにできる。

航空機を狙撃する

空を飛ぶ前に始末する。

航空機の狙撃ポイント

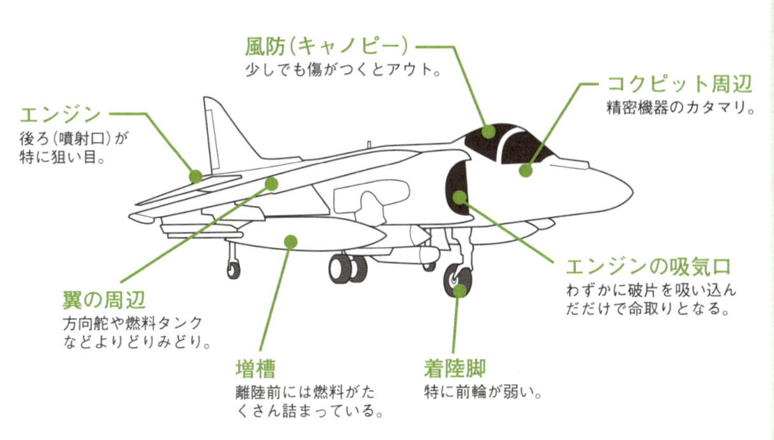

空港設備

中規模以上の飛行場になると
管制塔を容易に識別できる。
こうした施設は重要で
はあっても防弾されて
いるケースは皆無。

管制設備を使用できなくすれば航空機の戦略的価値は大きく低下する。

ワンポイント雑学

飛行場や空港施設は敷地が広い上に見通しがよいので、接近方法や隠れ場所などを慎重に検討する必要がある。

No.092

狙撃兵はアウトドアの達人？

スナイパーが弾丸を命中させるためには、風を読んだり空気の湿り具合から湿度を判断したりして、照準に微調整を行う必要がある。しかし実際に狙撃を行う前の段階においても、アウトドアの知識や技能は必要になる。

●道なき道を進むためには

ミリタリー・スナイパーに与えられる任務の一つに、重要人物の狙撃というものがある。標的が反政府ゲリラの司令官だったり麻薬組織の親玉だったりする場合、人里離れた僻地に隠れていることが多い。そうした場所には幹線道路が通っていて直行便が出ているわけではないので、自力でたどりつかなければならない。

またそのような地域は敵の支配下にあることがほとんどなので、単に野山を通ればよいという話ではなく、見つからないよう身を隠しながら痕跡を残さずに行動する必要がある。ただ進むだけなら1日で移動できる距離が、隠れながらであれば3日も4日もかかる場合がある。

長期にわたって敵の勢力下で野外行動——例えば道なき道を歩いたり、強い日差しや寒波に耐えたり、水や食料を確保したり、体力の低下を防ぎベストに近いコンディションで長時間活動するためには、こうしたアウトドアやサバイバルの知識や技術は必須のものといえる。

標的が都市部にいる場合でも、アウトドアの技能が必要になるケースがある。その都市へ出入りする際に何らかのチェックがあったりして、通常のアクセスルートでは入ることができないようなときだ。そうした場合は幹線道路や鉄道、空路、港などといった経路を使うことはできないので、普通なら人が通ったりしない森林や砂漠をぬけていかなければならない。

ポリス・スナイパーの場合、獲物を追って個人で行動するようなことは基本的にありえないので、野外行動の知識や技能は必須ではない。しかし風を読んだり大気の湿り具合から弾道の変化を予測したりする際にアウトドアの経験が役に立つことがあるので、オフの日にフィールドワークを日課とする狙撃手も珍しくないようだ。

スナイパーの野外知識

**「引き金を引く以前の段階」でも
アウトドア知識は必須。**

標的が人里離れた山奥にいる。

敵のウロウロしている場所を見つからずに進む。

アウトドアに不慣れだとこうした状況に対処できない。

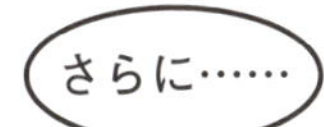

・標的やその取り巻きに見つからないよう偽装する。
・狙撃のチャンスがくるまで何日も待ち伏せする。

**このためだけでも野外活動のノウハウを
身につけておく価値はある。**

ポリス・スナイパーの場合

標的を追跡したり待ち伏せたりすることはほとんどないので野外知識は必要ない……？

風の向きや強さを把握したり、空気の湿り具合から湿度を計算したりするので、アウトドアの経験は役に立つ。

ワンポイント雑学

自分は見つからずに野外を神出鬼没に動き回る技術を「フィールド・クラフト」という。

No.093

標的の近くまでは這って進め？

スナイパーの本領は遠距離射撃だが、本人にとって「当たるかどうかギリギリのところ」で撃つより、自信のある距離まで近付きたいと思うのは当然だろう。それが数m、数cmの距離でも、精神的には大きな意味を持つのだ。

●狙撃兵の匍匐前進

狙撃の際に理想的な姿勢は「伏射(ふくしゃ)」である。もちろんその場の地形や状況によってほかの姿勢がふさわしいということもあるが、安定性の高い姿勢で射撃するほど狙撃の成功率が上昇することは疑いない。

狙撃兵が伏射を好む理由は安定性だけではない。もう一つの大きな理由、それは敵に見つかりにくいという点だ。狙撃距離が近ければ、その利点はさらに無視できないものになる。標的に気付かれる危険も少なくなるし、護衛がいる場合はそれを出し抜いたり、逃走したりするのも楽になる。

標的まで接近する際は伏射姿勢のまま行うのが理想といえる。見つかりようのないくらい遠くの場所から伏せた姿勢でゆっくりと距離を詰めていくことによって、移動の途中に見つかってしまうという危険性を極限まで低くすることができる。

身を伏せた状態のまま移動することを「匍匐(ほふく)前進」というが、戦争映画の兵士がやっているような方法は“弾に当たらないようにする”ために考えられたものであり、敵に発見されないという点では不十分だ。狙撃兵にとっては匍匐前進でさえ「高姿勢」で危険な状態といえる。標的まで何kmといった距離があるうちはそれでも構わないが、標的までの距離が近くなるほど姿勢が低く、移動速度が遅くなるのが狙撃兵の行う匍匐前進なのだ。

こうした「低姿勢」の匍匐ではカタツムリのような速度で地面を這っていくことになるため、何時間もかけて進んだ距離が数mだったということも珍しくない。ベトナム戦争で勇名をはせたアメリカ海兵隊の狙撃兵カルロス・ハスコックは、普通なら1時間もかからないような距離（約1km）を3日以上かけて匍匐前進し、標的である北ベトナム将校の狙撃に成功したあとは同じように這い進んで安全圏まで戻ってきたというエピソードがある。

1mmでも近くに

「伏射」の姿勢は敵に見つかりにくい。

伏射姿勢のまま標的に近付ければ最高だ。

よし「匍匐前進」で移動しよう。

いわゆる普通の匍匐前進

・肘と膝を交互に動かして移動。
・胸と腰は地面から浮いている。
・銃はすぐに撃てる。

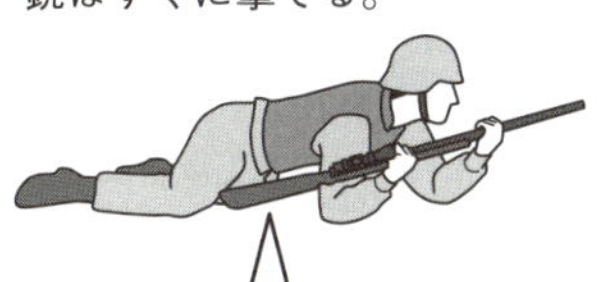

スナイパーの基準でいえば、まだまだ姿勢が高い。標的に近い状態でこの姿勢は危険。

狙撃兵の行う匍匐前進

・腕の力で全身を引きずる。
・胴体を完全に地面につける。
・銃はすぐに撃てない。

腹ばいに寝そべっているのと変わらない姿勢。腕の力だけで前進するので速度は遅い。

普通の匍匐を基準（オール3）とすれば……

普通の匍匐前進		狙撃兵の匍匐前進
3	弾の当たりにくさ	4
3	移動の速度	1
3	見つかりにくさ	5

標的から遠い場合は少し姿勢を低くする程度で移動できるが、敵に近付くほど速度は遅くなり、射程に捉える頃には1時間で数mも進めない（進まない）ことも珍しくない。

ワンポイント雑学

匍匐姿勢の見えにくさは地面に立っている相手に対してのものなので、上空からの監視には別の注意が必要になる。特に人工衛星を使用できるような組織が相手の場合、偽装よりも移動ルートの選定が重要になる。

No.094

狙撃は「撃ったら動く」が鉄則？

スナイパーの行動原則に「1発撃ったら必ず場所を変える」というものがある。どんなに念入りに姿を隠したとしても、発砲と同時に発生する音や光などによって、自分の居場所がばれてしまう可能性があるからだ。

●敵の弾が飛んでくる前に

ライフルに限らず銃器というものは、弾を撃つ際にはかなりの音が響き渡る。遠距離射撃においては発射された弾が音速を超えてしまい“発砲音が聞こえるより先に標的にヒットする”ケースも多いため、音で居場所がばれても関係ないように思える。しかし標的が単独だったならばともかく、護衛や仲間がまわりにいたり、敵部隊の撹乱などが任務だった場合は、生き残った敵からの反撃を受けることになる。

集中射撃を浴びせられている中で次の標的に照準を合わせるのは一苦労だし、破片などが目に入ったり跳弾などで光学機器にダメージを受けたりする可能性だってある。防弾効果の十分な遮蔽物に守られていたとしても冷や汗ものなのに、身を守るものが何もない状態では命だって危うい。

相手が長距離射撃のできる武器を持っていなかったとしても、こちらの場所が割れてしまっていてはヘリコプターを飛ばされたり、部隊を差し向けられたりして包囲されてしまう可能性もある。やはり身の安全を考えるのならば、同じ場所に長時間留まるようなマネをしてはならないのだ。

スナイパーが撃つたびに場所を変えるということは、防御的な理由のみならず、攻撃においても重要な意味を持つ。弾の飛んでくる場所が一ヶ所でなければ、スナイパーがどこに何人いるのか判別できない。神出鬼没のスナイパーの存在は対抗手段を持たない側にとっては恐怖以外の何ものでもなく、パニックの度合いは桁違いに大きくなる。

これは都市部での狙撃の場合に特に有効とされる手段である。敵の弾を止めてくれる遮蔽物が多く、建物などの高低差を利用することもたやすい。下水道を利用したり自転車などを活用することによって、予想外の速度と方向から敵を翻弄することが可能になる。

シュート・オン・ムーブ

撃てば「音や光」が出るのが銃というもの。

音や光によって、敵にこちらの居場所がバレる。

すぐに場所を移動して安全を確保！

いつまでも同じ場所にいると
手痛い反撃を食らうことになる。

- 敵の歩兵部隊から集中攻撃を受ける。
- 敵のスナイパーに目を付けられる。
- ヘリコプターや砲撃などで一方的に攻撃される。

動く理由は防御だけではない。

⇒ 移動と攻撃を繰り返すことで所在をつかませなければ
敵にスナイパーの数を誤認させることができる。

「スナイパーの脅威」をより倍増させることにつながる。

ワンポイント雑学

潜伏場所から移動する際は、可能な限り"その場にいた痕跡"を消しておくことが大切である。敵に専門家がいた場合、こちらの手の内を推察されてしまう危険があるからだ。

No.095

最初の１発を外してしまったら？

スナイパーであるからには一発必中、仕損じることなどあってはならない。しかし狙いを外すような「ありえないこと」が起こってしまったのなら、そこはキッチリ気持ちを切り替えて対応するのがプロというものである。

●たたみ込むか、仕切りなおすか

狙い済ました必中の一撃を外してしまった場合、急いで次にとるべきアクションを検討しなければならない。どのような行動を取るにしても、考え込んでいる時間の分だけ事がうまく運ぶ可能性が低くなっていくからだ。

まず思い浮かぶ選択肢は、そのまま「間髪入れず2発目を撃ち込む」ことである。標的が“狙撃された”というショックから立ち直って何か始める前に、続けざまに弾丸を撃ち込んでケリをつけてしまうのだ。

この場合、手にしているのがオートマチック・ライフルであれば状況を有利に進めることができる。次弾を装填——ボルトを操作するために片手を使う必要があるボルトアクションライフルと異なり、オートマチック・ライフルならば銃を構えた状態のまま両手を動かす必要がなく、射撃の姿勢を大きく崩さずに済むからだ。

次に考えられる行動としては、すぐに「その場を移動する」というものがある。これは標的が1人ではなく、仲間や部下などが近くにいるというようなケースで考慮すべきアクションだ。

標的自身はショックや負傷のために動くことができない状況でも、周囲にいる者は狙撃された方向を見ていたかもしれないし、ほかの人間の指示や命令によって反撃してくる可能性がある。のんびりと狙撃場所にじっとしていれば、それだけやられる危険が増すことになる。

再狙撃に挑戦するにしても逃亡するにしても、最初に発砲した地点にいつまでも居座っているのは危険であるといえる。特に連射に向かないボルトアクションライフルや、シングルショット方式（単発式）のライフルを使うスナイパーにとって、狙撃地点を移動するタイミングは生死につながるシビアな判断が要求される。

初弾を外した際のフォロー

しまった！
狙いを外した！

まて、あわてるな。そんな時こそ気持ちをキッチリ切り替えるのがプロのスナイパーだぜ。

対処1
間髪入れずに攻撃する。

標的や周囲の人間がショックから立ち直る前に、立て続けに弾を撃ち込んで勝負を決める。

オートマチック・ライフルを使っていると非常に有利。

対処2
すぐにその場を移動する。

標的や周囲の状況から素早い反撃が予想される場合、未練がましくせず即座に逃げ出すのが賢明。

標的が単独でない場合、特にこの傾向が顕著になる。

どちらの場合でも、方針は迅速に決定し行動する必要がある。

標的を射殺できたとしても、最初に発砲した場所には敵の反撃が飛んでくるケースが多いので、動かずにいるのはとっても危険。

ワンポイント雑学

1kmを超える遠距離狙撃の場合、相手からの反撃が届く危険も少なくなる。そのため一発必中にこだわらず、初弾を「着弾観測のための1発」と割り切る考え方もある。

No.096

突入作戦でのスナイパーの仕事は？

敵が潜んでいたり立てこもったりしている建物に味方のチームが突入する場合、スナイパーの役割は作戦上非常に重要となる。姿の見えない遠距離からの正確無比な射撃による援護は、突入部隊の負担を大きく軽減するからだ。

●監視と援護

突入作戦におけるスナイパーの重要な役割として、事前の「情報収集」というものがある。望遠鏡を使わないと見えない距離や、建物内部からはわからない角度から周囲を偵察・監視して情報を集めるのだ。スナイパーとしての知識やノウハウが反映されたこれらの情報は貴重な判断材料となり、突入の方法やタイミングなどが決定される。

スナイパーはライフルによって「敵の排除」も行う。突入に合わせて建物の外（屋上や出入り口の近くなど）や窓の近くにいる敵を狙撃するのだ。窓際の敵は直接狙えなくても“窓ガラスの破片を浴びせる”などといった手段で無力化したり、内部の混乱を誘うことができる。

人質に危害が加えられそうになるなどといった不測の事態が起きた場合、スナイパーの狙撃を合図に突入作戦が開始されることもある。スナイパーが対物狙撃銃を使っているなら、壁越しに直接敵を排除することさえ可能だ。

もちろんこういった援護を意味あるものにするためには、チームやスナイパー自身が建物内部の構造や敵人員の配置などを完全に把握している必要がある。建物の奥に未確認の敵がいるようでは、見えるところにいる敵を排除しても突入メンバーの安全につながらないからだ。

こうした作戦では複数のスナイパーが配置につくのが一般的なので、敵の人数が少ない場合は“突入開始時のスナイパーの一斉狙撃”によって突入部隊の仕事がほとんど残っていないといったケースも多い。そうした場合においても、スナイパー自身は敵を排除したから仕事も終了ということにはならない。事前の情報収集に引っかからなかった敵がいるかもしれないし、作戦自体が終了するまでは「周囲を監視し、状況に変化があればその対処」をするという役割が残っている。

突入時におけるスナイパーの役割

突入作戦において、スナイパーの役割は重要である。
作戦の立案段階から最終段階まで、全ての段階において大きな役割を果たす。

情報収集

ライフルスコープの望遠機能や、自身の観察眼・ノウハウなどをフル動員し、突入に必要な情報を集める。

こうして集められた情報は、突入計画の作成や修正に影響を与える。

敵の排除

突入の障害となる敵（見張りなど）をライフルで排除する。警報装置などの破壊を引き受ける場合もある。

狙撃の開始を合図に突入するか、突入のあとに混乱している敵を狙撃するのかはケース・バイ・ケース。

周辺の監視と対処

作戦中、めぼしい敵を排除し終えたスナイパーはそのまま待機して作戦地域の周辺を監視する。状況に変化が起きた場合、迅速に指揮官や味方に伝える。

スナイパーの存在は部隊の負担を大きく軽減する。

ワンポイント雑学

突入部隊が所属する組織の規模や、突入作戦の重要度にもよるが、配置されるスナイパーは一般的に「敵よりも多い人数」を手配するのが基本である。

No.097

攻め来る敵に対してスナイパーのできることは？

押し寄せる敵からある地域や建物を守らなければならない状況の場合、味方にスナイパーがいれば非常に頼もしい限りといえる。しかし、近付く敵を片っ端から倒すことができるのかというと、なかなか難しいのが実情である。

●拠点の防衛

かつて「機関銃陣地」は攻略の困難な目標だった。連射がきいて射程も長い機関銃には、近付くことさえ難しいからだ。

スナイパーの守る拠点もこれと同じように思えるが、スナイパーが建物にこもって防御を強いられてしまうと困った問題が発生する。自分たちが攻め手のときとは異なり、建物の中からではスナイパーの視界を十分に確保することができないということだ。

視界のよい建物の屋上や窓の近くなどに陣取ってしまっては敵からも丸見えになってしまい、狙撃するどころか逆に狙撃してくださいと言わんばかりの状態になってしまう。スナイパーが安全な位置に陣取ろうとすればするほど射角が限られてしまうため、狙撃が可能な局面が非常に限定されてしまうことになる。結果、アサルトライフルや短機関銃で武装したほうが有利という話になってしまうのだ。

建物の奥まった位置からでは監視や警戒の可能な範囲も狭く限られたものになってしまうため、モニターカメラなどを使って遠隔監視のできるシステムを構築したり、外部から手を貸してくれる協力者が必須といえる。

山の中腹や見晴らしのいい台地に構築された陣地にスナイパーが陣取った場合、遠くにいる敵をその射程外から一方的に攻撃して陣地に近付けさせないようにすることができるので一時的には有利にたてる。

しかしこちらが敵よりも小規模だった場合や、敵に周辺地域をおさえられていたり制空権をとられたりしてしまっているような場合、最終的には空爆されたりロケット弾を撃ち込まれたりして吹き飛ばされてしまう。つまり一つの場所に留まって防御しなければならない側において、スナイパーがその真価を発揮する場面はどうしても限定的になってしまうのである。

拠点防衛におけるスナイパーの立場

**スナイパーが堅牢な建物に陣取れば、
長射程と命中精度で寄せ来る敵を皆殺しにできる？**

拠点防衛では「防御」という行動の性質上、戦いの主導権（いつ、どこを攻撃するのかを決めることができる）を取るのが難しい。

神出鬼没・先制攻撃を信条とするスナイパーにとって、防御戦とは両手両足を縛られた状態で殴り合いを強制されているような状態。

**自身の身を守ろうと建物の奥にこもると
狙撃に必要な「視界や射角」を確保できない。**

屋外の陣地

あちこちに穴の開いた廃ビル

こういった拠点は比較的
狙撃向けではあるが……

空爆されたりロケット弾を撃ち込まれたりして
隠れている場所ごと吹き飛ばされてしまう。

スナイパーは後手に回ったり自由な行動が制限されてしまうような状態では、その真価を発揮できない。防衛側が小規模で周辺との連携や支援が期待できないようなら拠点を守り切ることは難しく、時間稼ぎがせいぜいと考えたほうがよい。

ワンポイント雑学

スナイパーは拠点に籠城するより、その周辺を神出鬼没に動き回ったほうが役に立つ。ただそれを行うには隠れる場所と移動手段が必須であり、危険も大きい。

No.098

標的を殺さずに無力化するには？

スナイパーは遙か遠距離から、正確な狙いによって望み通りの場所に弾丸を送り込むことができる。頭や心臓を撃てば即死させることができる反面、命を奪わずに「反撃する力」のみを失わせることも可能なのだ。

●殺そうと思えば殺せるが……

一般的に、人間は頭や胸などの重要器官が詰まった場所を撃ち抜かれると生きてはいられない。逆に、手や足など体の末端部分に弾が当たったとしても、運悪く動脈を貫通したりしなければ即死することはない。出血多量にならない限り、適切な手当を受ければ助かることができるだろう。

ミリタリー・スナイパーはこの“即死させない”やり方で犠牲者を動けなくして、敵の部隊を足止めしたりする。撃たれた兵士が死なずに大騒ぎしてくれれば、全体をパニックに陥れることもできる。さらに負傷した兵士を救出したり治療したりするために人員を割く必要に迫られるため、相対的に敵の数を減らす――無力化するのと同じ結果を得ることになる。必要ならば救出に来た敵兵をさらに狙撃することで、被害を拡大させることも可能だ。

標的がガラス窓や石のブロックのような“着弾の衝撃で粉砕・飛散するようなもの”の近くにいた場合、うまくその破片を浴びせてやることによって一時的に無力化することができる。これはポリス・スナイパーが突入作戦などの際、仲間を援護するために用いる方法だ。

相手が手に持っている武器だけを狙って弾き飛ばすような狙撃は非常にハイレベルな芸当であるが、2010年のアメリカ・オハイオ州ではSWATのスナイパーが「拳銃自殺を図った男の拳銃のみを狙撃する」という難事を成功させており、フィクションの中だけの出来事とはいえないようだ。

こうした曲芸じみた射撃は、標的の命ではなく「意志」を挫くために用いられることがある。標的に警告を与えるために、わざと狙いを外して撃ったりするパターンだ。この場合「その気なら急所に当てることができた」ということを明確にするため、携帯電話やイヤリングだけを吹き飛ばしたり、帽子に風穴をあけたりするようなやり方が好まれる。

どこを狙うか

敵から反撃されない状況であれば、落ち着いて
標的の好きな場所を狙うことができる。

どちらも選べるなら
生殺与奪は思いのまま。

人間は急所を撃たれると死ぬ。

でも手足なら、すぐには死なない。

標的を殺さず、反撃する力のみを奪うことも可能。

1人を「半殺し」にして
ほかの仲間を誘い出す。

ミリタリー・スナイパーの
常套手段。

ガラス片などを浴びせて
近くの者を怯ませる。

ポリス・スナイパーが
援護の際に用いる方法。

持っているものや、身につけているものだけを
狙うのはハイレベルな芸当だが……。

手にした拳銃

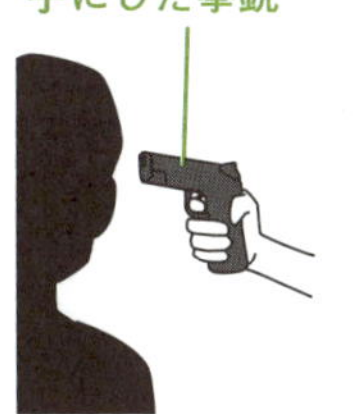

携帯電話

帽子や飾りもの

イヤリング

**神業的な腕前を見せつけることによって、標的の
「抵抗する意志」を砕くことができる。**

ワンポイント雑学

標的“以外の”人間を無残に殺して抵抗の意志を削ぐというのも一つの方法である。この場合、「何で自分だけ撃たれなかったんだろう？」と相手に考えさせるのがポイントとなる。

No.099

警戒している標的をしとめるには？

何らかの理由によってこちらの「狙撃計画」が漏れてしまった場合、標的は狙撃されないように様々な手段を講じてくるのは疑いない。万全の準備で狙撃対策をしている相手をしとめるには、どんな方法があるだろうか。

●考えられる「狙撃対策」

狙撃を警戒している人間がまず取り得る行動は、自分の身を銃弾から「物理的に守る」ことだ。防弾チョッキを着用したり、移動に防弾車を使ったりするケースがその最たるものといえる。

これに対抗するには、物理的に防御手段以上のパワーをぶつけてやればよい。昔は爆弾で吹き飛ばしたりロケット弾を撃ち込んだりするしかなかったが、現在は対物狙撃銃という便利なものがある。爆弾より正確で巻き添えを（比較的）出さず、安全な距離から攻撃することが可能だ。また徹甲弾や炸裂弾といったような特殊弾を使う方法もあるが、こうした弾を撃つ場合は一定以上の口径を持つライフルが必要になる。

狙撃者を近付けないことも有効な対策である。半径2km圏内を封鎖されてしまうと、対物狙撃銃を含むライフルの有効射程外となってしまう。この場合、スナイパーは「どうやって射程内に近付くか」といった点で標的との知恵比べを強いられる。無関係の第三者を装ったり警備関係者に紛れ込んだりするのは基本だが、フィクションの世界ではハンググライダーなどを使って接近するといったダイナミックな方法もとられる。

相手が「狙撃や狙撃対策の専門家を護衛につける」ケースも多い。専門家に知識や経験があればこちらの手の内はバレていると考えるべきで、非常にやっかいなことになる。こうなるとお互いに手の内の探り合いになり、心理戦の様相を呈してくる。

優秀なスナイパーは相手の心の動きを読み取ったり心理的間隙をつくことによってその行動を予測したり制御したりできるものだ。あらゆる手段を講じて標的をスコープの前に引きずり出すことができてこそ、本当の勝利ということができよう。

「狙撃対策」への対策

狙撃を警戒している人間が取り得る行動は……

防弾処置 ⇒ 防弾チョッキや防弾車で身を守る。

- 防御手段以上のパワー（対物狙撃銃や徹甲弾など）で力押し。
- 構造上の弱点（防弾箇所の切れ目など）をピンポイントで狙撃する。

周辺を封鎖する ⇒ 銃の射程内に誰も近寄らせない。

- 変装したり隠れて近付いたりして射程に捉える。
- 状況によっては空中や海中などから一気に距離を詰める。

専門家を雇う ⇒ 「狙撃のセオリー」の裏をかく。

- 専門家の経歴や性格を把握して対処する。
- 可能であれば、先に専門家のほうを始末する。

標的は「顔や名前を変えて別人になる」「アジトに引きこもる」などの方法で狙撃の機会そのものを与えてくれないかもしれない。ある意味“非常に効果的な狙撃対策”といえるものの、こうなるともはや狙撃の技術云々とは別次元の話になってくる。

ワンポイント雑学

人間心理をついた“絡め手”で攻めるというやり方もある。例えば防弾車を降りなければならない状況や、封鎖網の外に出なければならない理由を作り出したり、嘘情報を流して専門家と仲違いさせたりする方法である。

No.100

スナイパーを脅かすテクノロジーとは？

スナイパーという「職人」を打ち負かすために機械の力を借りようとするのは特に珍しい発想ではない。近年のテクノロジーの加速度的な発達により、カンか人海戦術に頼るしかなかったスナイパー対策は大きな進歩を遂げた。

●機械の力で狙撃を防ぐ

身を潜めて狙撃の機会を待つスナイパーをどうにかするには、まず居場所を暴く必要がある。熱感知装置の普及はスナイパーの潜伏場所を発見するのに大きな助けとなった。昔は大きく持ち運びも不便だったが、現在はUAV（無人航空機）のカメラや捜索部隊の双眼鏡など様々なものにつけられるようになり、バッテリーの持続時間も実用十分なレベルに向上している。

潜伏場所の目星をつける意味でも「航空機による上空からの捜索」は効果的だが、燃料コストや整備の手間、操縦士（パイロット）の確保が大変という問題があった。しかしUAVやドローンの一般化によりそうした懸念は解消された。ミサイルなどを搭載できるモデルも開発されているので怪しい場所を直接攻撃することもできるし、敵の反撃で撃墜されても操縦士（オペレーター）は死なない。

もっとダイレクトに「対スナイパーシステム」といった技術もある。狙撃されそうなエリアにセンサーを設置して、発砲の際に生じた音や光を感知して自動的に反撃するのだ。こうした装置は1970年代の初頭には実用化されており、スコープのレンズが反射しただけで作動するものも登場している。

しかしこうしたシステムは、しょせん人間が作り出したものである。例えば熱感知装置は自然の草木の背後に隠れたものは透過できないし、対スナイパーシステムは複数の弾が発射されると相対的な位置が割り出せずに混乱するといった特性がある。装置の作動する条件やシステムのカバーできる範囲がわかれば対応することは難しくない。

しかし事前の調査や情報の分析といった「自分の仕事」をしっかりこなしておかなければ、臨機応変な対処にも限界がある。対スナイパー用の機械に勝利するためには、その機械がどのようにして作動するのか、装置を構成しているのはどういったものなのかをしっかりと理解しておく必要がある。

機械vs.人間

今までのスナイパー対策は……？

多分あのへんに
いるだろう
運否天賦

居場所がわからないので
狙いのつけようがない。

ありったけのタマ
ぶちこめ
資源のムダ

居場所がわからないので
仕留めた手応えがない。

分の悪い賭けをしたくなければ
カウンター・スナイパー に頼るしかなかった。

テクノロジーの発達によってスナイパー対策にも変化が！

熱感知装置

・見えないモノも探知できる。
・小型化により様々なものに搭載可能。
・長時間使用もできるように。

無人機

・反撃されても自分は死なない。
・空中からの捜索も可能。
・捜索と攻撃を同時にできる機体も。

対スナイパーシステム

・各種センサー類を駆使して狙撃の兆候を探知する。
・探知と同時に自動的にスナイパーを駆逐する。

リスクを最小限にスナイパーを無力化できるようになった。

スナイパーはこうした最新技術について常に最新の情報を集め、その特徴と弱点を把握する努力をしなければならない。手を抜けばそのツケは、やがて自分の命で支払うことになる。

ワンポイント雑学

ただしこうしたスナイパー対策が取れるのはアメリカのような大国か、金に糸目をつけない大富豪や大企業クラスである。またその運用も成熟しておらず、ノウハウを蓄積している段階といえる。

No.101

スナイパーの最後はどういうものか？

スナイパーの戦術的・戦略的な価値が明らかになっていくにつれ、その運命は“普通の人たち”とは明らかに異なるレールを進み始めた。多くの「死」を目の当たりにした者の行き着く先は、どういったものなのだろうか。

●悲惨な末路とは限らないが……

スナイパー、特に戦場で活動する「狙撃兵」は、好むと好まざるとに関わらず多くの者の生涯を自らの手で終わらせることになる。やがて自身も敵スナイパーの手にかかったり、爆発で木っ端微塵になったりといった最期を迎えるケースが多い中、死神の手をすり抜けて天寿を全うする者もいる。

フィンランドの英雄シモ・ヘイヘは500人もの（狙撃以外――短機関銃などによるものも含めば700とも800ともいわれる）敵を射殺したが、銃弾を顔面に受け療養中に終戦。あごを含む顔の左半分がなくなるほどの負傷から回復したあと、5階級特進して国民的な英雄となった。その後は猟犬を育てたり猟師として余生を送り、96歳で亡くなっている。

アメリカ海兵隊のカルロス・ハスコックは、ベトナム戦争で乗っていた装甲兵員輸送車が吹き飛ばされて重傷を負うものの一命を取り留める。除隊後は狙撃教官となり後進にノウハウを伝え、1999年に56歳で亡くなるまで警察のスナイパー養成にも協力した。

2015年公開の映画『アメリカン・スナイパー』のモデルとなったクリス・カイルは、海軍の狙撃兵として派遣されたイラク戦争を生き延びて回想録を出版する。そこから得た資金で戦争の後遺症に苦しむ帰還兵や退役兵を支援する団体を設立したが、2013年、その活動中にPTSDを患っていた元海兵隊員に射殺されてしまう。38歳であった。

警察組織のスナイパーは生涯で「仕事」をする回数が狙撃兵に比べて限られてくるし、保安上の問題で仕事が表に出ないパターンも多い。暗殺を生業とする者たちも仕事の詳細が記録に残ることはない。彼らの末路を確認することは非常に困難だが、まれに存在する“人を殺すのに躊躇のない”者でない限り、標的の断末魔が脳裏から離れず苦しむケースが少なくないようだ。

その末路

「スナイパー」と呼ばれる者たちの最後は……？
→ **その立場（立ち位置）によって様々。**

ミリタリー・スナイパー **軍隊の狙撃兵**	
DEAD	・敵スナイパーに撃ち殺される。 ・吹き飛ばされたり蜂の巣にされたりする。
or	
ALIVE	・退役して講演や執筆活動にいそしむ。 ・狙撃教官として後進の育成に励む。

ポリス・スナイパー **警察系の狙撃手**	
DEAD	・「仕事」の結果がトラウマとなり、精神の均衡を崩す。職を失い日常生活も困難に。
or	
ALIVE	・教官として技術を後輩に伝える。 ・全てを忘れて平穏な余生を送る。

クリミナル・スナイパー **「暗殺者」「賞金稼ぎ」**	
DEAD	・捕らわれて処刑される。 ・残りの一生を牢獄で過ごす。
or	
ALIVE	・莫大な報酬を得て笑いが止まらない。 ・裏社会のレジェンドとなる。

軍隊や裏社会のスナイパーたちにとっては「死」と「富や名声」が隣り合わせの関係にあるといってよい。しかし警察組織に所属するスナイパーは仕事で命を落とすケースが少ない反面、退職後も消耗した精神を回復することができず苦しむことが多い。

ワンポイント雑学

“自ら命を絶つ”というのも珍しいケースではない。敗北が決定的になった狙撃兵は捕虜になることを嫌い拳銃や手榴弾で自決するし、生き残ってもPTSDに悩まされたあげく自殺する者も多い。

重要ワードと関連用語

英数字

■12.7mm弾

アメリカの『ブローニングM2』重機関銃や、多くの対物狙撃銃に採用されている弾薬で、「50BMG」とも呼ばれる。50BMGとは“50口径のブローニング・マシンガン（つまりブローニングM2のこと）”の略であり、M2用の弾薬がそのまま一般化したことを示している。元々が重機関銃用なので、通常のライフル弾に比べ非常にビッグサイズな弾である（p.228に比較図あり）。太くて長い薬莢には大量の火薬を詰め込めるため威力・射程もケタ違いであり、弾頭も大きいため徹甲弾や焼夷弾、徹甲榴弾など様々な特殊弾のベースに使われる。発射時には派手なマズルブラスト（音と光と煙）が巻き起こるため、射撃位置が特定されやすい。

■30-06スプリングフィールド弾

アメリカ軍の『BAR（ブローニング・オートマチック・ライフル＝分隊支援火器）』や『M1ガーランド』などといった古い銃に使用される弾薬で、サイズは7.62mm×63。フルサイズ・カートリッジと呼ばれるのはこの大きさで、これを少し短くしたのが「308ウィンチェスター（7.62mm×51）」である。軍や警察用の弾薬としては旧式化しているが、狩猟用としてはまだまだ現役である。

■300ウィンチェスターマグナム弾

『ウィンチェスターM70』や『レミントンM700』などに使用される弾薬で、サイズは7.62mm×67。元々は狩猟用として開発されたが、軍用スナイパーライフルの弾薬としても注目されている。「ベルデッド」と呼ばれる“薬莢の底部近くにベルトを巻いたような形状”が特徴。

■338ラプアマグナム弾

50BMGより扱いやすく、7.62mmクラスよりハイパワーな弾薬として生み出された。当初は軍用弾として開発されたが提示された条件を満たせず開発は中止。その後、フィンランドの民間企業ラプアが研究を継続し、口径8.60mm×70のライフル弾として完成させた。アキュラシーインターナショナル社製の『AWSM』や『L115』などといったライフルがこの弾薬を使用できる。

■408チェイタック弾

50BMGと338ラプアマグナム弾の中間的な弾薬として開発された。名前は「Cheyenne Tactical（Chey Tac）」の略で「シャイタック」と呼ばれることも。空気抵抗を減少させるため、カッパーニッケル合金の削り出しを使っているのが特徴。

■5.56mm弾

アメリカのM16シリーズなどに使用される弾薬で、現在の西側アサルトライフル弾のスタンダードともいえる。5.56mm弾は弾頭が小さく高速なので、ボディアーマーなどを貫通しやすい。7.62mm弾の半分程度の重さしかないので兵士が予備弾を多く携行するにはよいが、狙撃用として考えると飛距離が足りず、風にも流されやすいという欠点がある。弾薬サイズは5.56mm×45で、同じサイズの「223レミントン」が民間用として流通している（ただし軍用弾のほうが発射時の圧力が高い）。

■64式小銃

陸上自衛隊のオートマチック・ライ

フル。現用の5.56mm『89式小銃』に比べ一世代前のモデルで、7.62mm口径の弱装弾を使用する。セミオートで撃つ分には命中精度が高く、マークスマン・ライフルとして運用できる。

■7.62mm弾

アメリカのM14ライフルやソ連のAK47などに使用される弾薬。これらのライフルが軍用としては一線を退くとともに一時期“旧時代の弾薬”扱いされるが、弾頭重量があるため射程が長く、横風の影響も受けにくいため狙撃用の弾丸として重宝されている。民間では狩猟用などとして現役で「308ウィンチェスター」などがこのクラスの弾薬である。弾薬サイズはM14など西側のものが7.62mm×51で、AK用などソ連製のものが7.62mm×39である。

■97式狙撃銃

第二次世界大戦における日本陸軍のボルトアクション式狙撃銃で、明治38年に制式化された『38式小銃』を狙撃用に改良したもの。当時の世界標準よりも小口径（6.5mm）の弾を使用するため、弾道の伸びはよいがパワーは今一つだった。

■EXACTO

EXACTOとは「EXtreme ACcuracy Tasked Ordnance」すなわち“高精度な誘導弾”の意で、50口径弾に制御機構を内蔵し、光学誘導システムと連携させて目標を自動追尾する誘導ライフル弾のこと。アメリカの国防高等研究計画局（DARPA）が2015年にテスト映像を公開し、現在開発が続いている。

■M14

アメリカ軍がベトナム戦争の前後あたりまで装備していたバトルライフルで、7.62mm弾を使用する。歩兵用ライフルとして旧式化してからも、その威力と射程は狙撃銃として有効と判断され、陸軍などが『M21』の名称で運用した。

■M16

アメリカ軍のアサルトライフル。ベトナム戦争時、見通しの悪いジャングル内での戦闘を強いられたアメリカ軍が「小型軽量で近距離の戦闘に有利なライフル」として開発した。5.56mm弾を使用するため反動が小さく、持ち運べる弾数も多い。

■PSG-1

H&K社製のセミオート式狙撃銃。『G3』という軍用オートマチック・ライフルを狙撃用として徹底的にカスタマイズした銃で、非常に高い精度を持つ。高価な上に重くて脆いため、アウトドアでの使用には適さない（こうした点を考慮して軍用に再設計された『MSG90』というモデルもある）。

■PTSD

心的外傷後ストレス障害。劇的な体験の直後に現れるASD（急性ストレス障害）が一ヶ月以上続き、慢性化してしまった状態のこと。スナイパーの“仕事”は強い精神的緊張を強いられるため、PTSDを引き起こすことが多い。

■SR-25

ナイツアーマメント社製のセミオート式狙撃銃。7.62mm弾を使用するM16タイプのライフルで、アメリカ海軍の特殊部隊「ネイビー・シールズ」によって運用される。またナイツ製の同じコンセプトを持つ『M110』が、陸軍に採用されている。

■WA2000

ワルサー社製のセミオート狙撃銃。「ブルパップ式」というスタイルの設計により、コンパクトなサイズと狙撃銃としての精度を両立させている。価格が非常に高く「狙撃銃のロールスロイス」といわれることもある。

あ

■アサルトライフル

小口径・高速弾を使うライフルのこと。5.56mmクラスの弾を使用するものが一般的で、セレクターを切り替えることでフルオート射撃が可能。遠距離射撃には向いていないが、高速弾ゆえに弾道がフラットなので近〜中距離の狙撃用として使われることがある。

■アドレナリン

人間の体内で分泌されるホルモンの一種。興奮したりストレスを感じると血中に放出され、心拍数や血圧、血糖値の上昇などを引き起こす。精神が高揚することでもアドレナリンが増えるが、スナイパーにとってはあまりよい状態とはいえない。

■曳光弾

弾頭の底部に少量の発火性物質が詰められた弾薬。光を発しながら飛んでいくので弾道を目で追うことができ、着弾の確認がしやすくなる。曳光弾の光は敵からも見えるので、使用には細心の注意が必要である。

か

■下士官

軍隊の階級で、曹長・軍曹・伍長などといった階級の総称。軍隊組織における「職業的プロフェッショナル」であり、自分の専門分野に関する知識や技術、経験などを豊富に持っている。そのため古参の下士官を失った部隊は、柔軟で臨機応変な行動がとれなくなったりする。

■火砲や迫撃砲

火砲とは「カノン砲」や「榴弾砲」などといった長・中距離用の大砲のことである。「迫撃砲」は短射程の小型火砲で、弾道が高いカーブを描いてほぼ垂直に落ちる。どちらも本来は、敵の機動部隊や歩兵部隊が集まっている場所に撃ち込まれる兵器だが、身を潜めている狙撃兵を発見できなくて業を煮やした敵歩兵部隊によって“八つ当たり”気味に使用されることがある。

■カモフラージュ

敵の目を欺くために、服や装備に景色と同じような色を塗ったり、木の葉や泥を塗って発見されにくくすること。偽装・迷彩を意味する言葉で、フランス語が語源である。ギリースーツや偽装網を使えば効率的にカモフラージュを行うことができる。

■機関銃

英語では「マシンガン」。弾丸を連続して発射できる大型でハイパワーな銃器で、7.62mm弾などに代表されるライフル弾や、12.7mm（50口径）の機関銃弾を使うため頑丈に作られている。

■偽装網

兵士や車両、資器材を敵の目から隠すために被せる「目の粗い網」のこと。網には人工の木の葉がくくりつけられており、遠目には藪のように見える。自作のギリースーツを作る際の素材としても使われる。

■グリーンスポット弾

新しい鋳型で作られた最初の5,000発の弾薬で、緑の点の印がその由来。使い古した鋳型の小さなキズや歪みが弾の形に影響を及ぼさないと保証するもので、高品質の証といえる。

■グレネードランチャー

榴弾（グレネード）を発射するランチャーのこと。グレネードとは小型の手榴弾のようなもので、爆発による衝撃波と金属片で周囲の人員を殺傷する。有効射程も150m程度しかなく狙撃向きの兵器ではないが、漫画『パイナップルアーミー』にはグレネードランチャーをライフルのように正確に扱い、神業的な精密射撃のできる「エルサルバドルのランチャー使い」なる人物が登場する。

■ゲリラ

ゲリラとはスペイン語から派生した言葉で、軍服を着用しない不正規兵の意味である。制服を着用しない武装兵は国際法上「兵士」と認められないので、ゲリラは厳密な意味では兵士ではない。しかし便宜上の呼称として「ゲリラ兵」などと呼ばれる場合もある。ゲリラは民間人の中に紛れ込み、正攻法を避け、相手の隙を見て弱点を狙い、勝ち目がなければ逃げるという戦術を好む。その考え方は狙撃と非常に相性がよく、ゲリラのスナイパーは正規軍にとって大きな脅威となる。

■拳銃

“片手で射撃可能な小型銃器”のことで「オート・ピストル」と「リボルバー」に大別される。オート・ピストルは引き金を引くと「発射→排莢→次弾装填」のプロセスが自動で行われ、装弾数が多く（リボルバーの2～3倍)、弾切れになってもすぐ再装填できる。リボルバーは円筒状の弾倉（シリンダー）に5～6発の弾を装填するもので、作動不良を起こしにくいが弾の込めなおしに慣れが必要で、予備弾の携行もしにくい。拳銃は銃身の短いものが多く、肩付け用のストック（銃床）を持たない。携帯性や扱いやすさの点で優れているが、反面、射程や命中精度ではライフルや短機関銃に劣る。予備の武器としての意味合いから「サイドアーム」とも呼ばれる。

■コールドボア・データ

銃身が冷えた状態での着弾点。狙撃は長い待機のあとに行われるケースがほとんどなので、銃身が熱を持った状態でとったデータはあまり参考にならない。

■コリオリの力

「コリオリ力」「コリオリ効果」ともいう。地球の自転に関わる慣性力の一種で、例えば北半球で北に向かって弾を撃つと、着弾がわずかに左（西）にずれる。700m以内の狙撃ではあまり考慮する必要はないが、遠距離になるほどその影響は無視できなくなる。

■コリメーター

ボアサイティング用の器具で、銃身を直接覗き込むことができないタイプの銃に用いられる。小型のスコープのような形をしており、銃口に差し込むタイプと、磁石で銃身に張り付けるタイプがある。

■ゴルゴ13

依頼によって動く超一流のスナイパー。通常は狙撃と銃撃戦の両方に対応可能な『M16（アーマライト変型銃)』を愛用しているが、『ヘンメリー・ワルサーの30-06口径カスタム狙撃銃』など依頼内容に合わせてどんな銃器でも使いこなす。常識では不可能とされる依頼の数々を成功させており、狙撃の最長距離は2kmといわれる。

さ

■視差

2つの地点の観測位置の違いにより、標的の見え方が異なること、あるいはその角度差。「パララックス」とも。高倍率のスコープになるほど視差が大きくなる傾向にある。

■ジャーキング

引き金を引く力や勢いが強すぎて、銃口がブレてしまうこと。ジャークとは“ガクンとなる”という意味合いの言葉で、日本語では「ガク引き」などと表現される。

■シャープシューター

兵士の中で射撃技能に秀でた者を指す言葉で“洗練された射撃手”を意味する。特に専門の教育や訓練を受けているわけではなく、使用するライフルも一般兵の使う銃にスコープをつけただけのものである。歩兵部隊の一員として行動しながら、指揮官に指示された標的を狙い撃つ。

■弱装弾

弾丸の口径や薬莢（ケース）サイズは同じだが、発射薬の量を減らした弾薬のこと。威力や射程がダウンする反面、反動が少なくなるので銃が扱いやすくなる。

■ジャミング（ジャム）

ライフルの弾薬が何らかの理由によって正しく給弾・排莢されない状態。「フィーディング・トラブル」とも。日本語では「装填不良」「装弾不良」「閉鎖不良」「排莢不良」「弾詰まり」などと表現される。

■銃身命数

弾丸を発射することによって生じる摩擦や熱のために銃身内部が摩耗し、使い物にならなくなるまでの期間を表したもの。つまりは銃身の寿命。一定の維持補修を加えながら性能を維持できる期間を指し、通常その使用量（ライフル射撃であれば7,000～8,000発）によって示される。銃身命数は用途によって異なるので、精密射撃用としては寿命を迎えた銃身でも“軍隊の一般歩兵が使うライフルの銃身としてなら大丈夫”といったケースもある。

■焼夷弾

弾頭内部に可燃性の焼夷剤が充填され、命中した物体を燃やす弾薬。英語では「インセンディアリー・ブレット」。徹甲弾と組み合わせたものは「焼夷徹甲弾」「徹甲焼夷弾」と呼ばれる。

■ショットガン

日本語で「散弾銃」というように、本来は数発～数百発の金属球（散弾）を発射する銃のこと。「スラグ弾」という単発弾を発射したり、ライフリングのついた銃身に変えて命中精度をアップさせることも可能だが、ライフルほどの射程や精度は期待できない。80年代の刑事ドラマに登場する「サングラスに角刈りの刑事」は、スコープ付きのショットガンで犯人の拳銃を弾き飛ばすという神業を見せてくれる。

■スカウト・スナイパー

狙撃兵の役割の一つで、偵察・監視などの情報収集に特化したスナイパーのこと。「偵察狙撃兵」「前哨狙撃兵」とも呼ばれる。

■ストック

ライフルを構えたとき、射手の肩に当てる部分のこと。日本語では「銃床」。射撃姿勢を安定させ、発砲時の反動を軽減することができる。狙撃銃のストックとしては、環境による変化の少ない樹脂製のものが適している。

■スナイパー空手

漫画『エアマスター』に登場する空手の技術。相手の膝を蹴りで狙い打ち、バランスを崩したところを一撃必殺の正拳突きで倒す。

■スナイパーライフル

狙撃に使われるライフルのこと。狙撃銃。長い銃身としっかりしたストックが特徴で、スコープを装着することによって1km以上離れた標的を狙うことができる。かつてはボルトアクション式の狙撃銃が最良とされてきたが、近年はオートマチック・ライフルの中にも精度の高いモデルが登場し、選択の幅も増えてきている。

■スポッティング・スコープ

標的までの距離や周囲の状況、標的の状態を観察するために使用する望遠鏡のこと。「観的用スコープ」とも呼ばれる。20倍率を基本に、60倍率程度のものが一般的。風速計や湿度計を兼ね備えた高機能なものも存在する。

■製造ロット

工業製品の製造順につけられる通しナンバー。ロットの同じ、あるいは近い番号の製品は製造環境や条件が似通っているので、品質も同一に近いものになる。

■セミオート

「セミ・オートマチック」の略で、半自動射撃のこと。引き金を引くと1発だけ弾が発射され、その後、次弾の装填が自動で行われる。対して引き金を引くと弾切れまで連続して弾が発射される全自動射撃のことは「フルオート（フル・オートマチックの略）」と呼ばれる。

■零戦

第二次世界大戦で活躍した日本海軍の戦闘機で、制式名称は「零式艦上戦闘機」。空力的洗練と軽量化を極限まで追求した結果、開戦当初は敵機との空中戦で圧倒的優位を誇った。

■センサー

カメラやマイク、あるいは温度・圧力・流量など様々な計測器機などを組み合わせることによって、様々な状況を感知するための装置。装甲された車両や洋上戦闘艦の乗員はセンサーによって外部の情報を得ているので、これを破壊されると目や耳を失った状態になる。

■戦争法規

いわゆる「戦争のルール」のこと。戦争犠牲者（傷病者、民間人、捕虜など）を保護するための「ジュネーブ条約（1949年制定）」や、戦争の手段、方法、使用武器などを制限した「ハーグ条約（1899年制定）」などが有名。

■ソフトポイント

弾頭の芯（コア）が剥き出しになっている弾のこと。弾芯は鉛などで作られており、通常は銅などの硬い金属で被膜されている。これが剥き出しになっていると命中した衝撃で軟らかい鉛がひしゃげることになり、人や動物に当たった際の威力を倍増させる。

た

■対人狙撃

スナイパーが“人間”をターゲットとして狙撃すること。射殺を前提とせず、手足を撃って無力化したり持っているものを弾き飛ばしたりする場合でも対人狙撃という。

■大祖国戦争

ソ連邦内での「第二次世界大戦における対ドイツ戦（独ソ戦）」の呼称。多くのスナイパーが戦場に送り込まれ、ドイツ軍を苦しめた。

■対地攻撃機

身を潜めている狙撃兵を発見できなくて業を煮やした敵歩兵部隊が、呪いの言葉と共に呼び寄せる死神。本来は地上の車両や施設を攻撃するための航空機だが、狙撃兵1人のために大量のミサイルやロケット弾をばらまいてくれる。同類に、強力な機関砲を搭載した「戦闘ヘリコプター」がある。

■対物狙撃

スナイパーが“人間以外”の標的を狙撃すること。車両や航空機、レーダー類、通信器機などのほか、建物や施設なども含まれる。対物狙撃に特化したライフルは「対物狙撃銃」と呼ばれる。

■大洋図書

「スナイパー」の名を冠する様々な(成人向けかつ特殊な嗜好の)書籍を発刊している出版社。同様の出版社に「ワイレア出版」があり、共に大洋グループを構成する。

■タコツボ

野戦において身を隠すために掘る穴のこと。「掩体壕」「掩蔽壕」「掩壕」とも呼ばれる。一般的には、歩兵が敵の銃弾や砲爆撃の破片などから身を守るために用いるが、狙撃兵が偽装と防弾のために掘るケースも多い。

■ダムダム弾

体内に入ると裂けたり変形したりして貫通せず、大きなダメージを与える弾薬のこと。非人道的として軍用弾としては使用されないが、警察のスナイパーによる狙撃や民間の狩猟用としては、必要に応じて同じような効果の弾が用いられる。イギリスの植民地時代、インドの「ダムダム兵器廠(兵器の製造や修理をする国営施設)」で作られた弾がルーツ。

■短機関銃

英語では「サブマシンガン」。使用弾薬が拳銃用のものなので、機関銃よりも小型・軽量で1人でも使用できるのが特徴。フルオート射撃が可能なので、近くに来た敵を薙ぎ払うことができる。

■チークパッド

ライフルを構えてストックを肩にあてたとき、射手の頬にあたる一段盛り上がった部分のこと(チークとは頬のこと)。「チークピース」とも呼ばれる。この部分によって頬付けがしやすくなり、照準姿勢がとりやすくなる。一部の狙撃銃は、この部分がミリ単位で調節可能になっている。

■朝鮮戦争

1950年6月、北朝鮮人民軍が韓国に侵攻して始まった、大韓民国(韓国)と朝鮮民主主義人民共和国(北朝鮮)との戦争。朝鮮の独立・統一問題が東西の冷戦と絡んで武力衝突に発展、国連軍として参戦したアメリカの支援を受けた韓国と、中国の支援を受けた北朝鮮とが一進一退の攻防を繰り広げたが、1953年7月に北緯38度線を軍事境界線として休戦協定が成立した。

■ティーガー

第二次世界大戦で活躍したドイツ軍の重戦車。長砲身の88mm砲と150mmの前面装甲を備え、戦車同士の戦闘では無敵を誇った。

■徹甲弾

貫通力をアップさせた特別性の弾薬。鉛の代わりにタングステンなどの希少金属(レアメタル)を使用したものが一般的で、車のドアなどは簡単に貫通する。遮蔽物に隠れた標的を倒せる反面、体内を貫通してしまう(通り抜けてしまう)ため、生物に対する殺傷力はあまり大きくない。

■徹甲榴弾

徹甲弾の内部に炸薬を詰め、命中と同時に炸裂するようにした特殊弾。それなりの威力を確保するためには一定量以上の炸薬が必要なので、サイズの大きな50口径(12.7mm)クラスの弾薬をベースに作られる。主に対物狙撃銃用の弾薬として用いられる。

■鉄砲玉

ヤクザが対立組織の親分を殺すため、殺されても惜しくない若い衆を送り込むこと。“飛んでいったきり戻ってこない”ことが由来で「使い捨て」の代名詞。

■テロリスト

テロを行う人間のこと。テロとは一定の政治目的を実現する手段として、反政府組織や革命団体、あるいは政府自身が、恐慌状態を作り出すため暗殺や暴力、威嚇などを組織的に行うことを認める考え方（テロリズム）。狙撃は少数の人間により効果的に恐慌状態を作り出せるので、テロの手段として好んで用いられる。

■特技兵

「通信兵」や「偵察兵」など、兵士の中でも特殊な技能を持ったスペシャリストのこと。代わりができる人間が少ないことから、狙撃兵が狙う優先目標となる。

■ドラグノフ

ソ連製のセミオート式狙撃銃。同じソ連製の7.62mmライフル『AK47』とよく似た外見を持つが、部品などに互換性はない。狙撃銃にカテゴライズされるが非常に頑丈で、実際にはマークスマン・ライフル的な運用をされる。

■トリガーストローク

引き金を引き始めてから、撃鉄（撃針）が落ちるまでに引き金が移動する距離のこと。この距離が短いと、それだけ銃がブレずに済む。

■トリガープル

引き金を引くのに必要な力。“トリガープルが軽い銃”はそれだけ少ない力で引き金が引ける。この力を限界まで少なくする方向で調整された引き金を「フェザータッチ・トリガー」という。

な

■西側

アメリカ・イギリスなどからなる自由主義陣営の俗称。冷戦中の区分けなので、現在では「旧西側諸国」などと表現したりする。

は

■バーミントライフル

狩猟用ライフルの中でも、野ねずみやプレーリードッグのような小動物（バーミント＝害獣）を駆除するためのもの。バーミントは小さくすばしこく警戒心も強いので、狙い撃つのが難しい。そのため小口径で高精度のライフルが用いられる。

■発射薬

銃の薬莢に詰める火薬のこと。英語では「ガンパウダー（あるいは単にパウダー）」という。爆薬として用いられる黒色火薬やTNTとは性質が異なり、燃えることで圧力を生み、その力で弾を飛ばす。「推進薬（プロペラント）」と表現される場合もある。

■バトルライフル

7.62mmクラスの弾薬を使う“フルオート射撃可能なライフル”の通称。アサルトライフルの登場以来、重く、大きく、反動が強いとされて旧式化していたが、イラクやアフガニスタンでの戦いで威力や遠距離での命中精度が再評価された。マークスマン・ライフルの多くはバトルライフルの中から精度の高いものを選んで調整される。

■バラクラバ

頭全体をすっぽりと覆う袋状の帽子で、目の部分が露出したデザインのもの。警察の狙撃手は身元がバレるといろいろと面倒なことになるので、バラクラバをかぶって素顔を隠す。ウクライナのクリミア半島にある港町バラクラバで使われていた「目出し帽」がルーツである。

■ハンドロード

射手が自ら組み上げた手製の弾薬の

こと。自分のライフルや射撃の目的に合わせた弾を作ることができるが、狙撃に必要な品質の弾になるかどうかの保証はない。

■ビーム兵器

光線の熱や質量をもって標的にダメージを与える兵器のこと。フィクションの世界では「レーザービーム」や「荷電粒子ビーム」など様々な種類が存在し、それぞれ微妙に性質が異なる。特に粒子系のビームは地球の地磁気の影響を受けるため、イメージに反して直進しない。

■東側

ロシア・ウクライナ・ベラルーシを始め複数の共和国からなる社会主義陣営で、ソビエト連邦（ソ連）の俗称。冷戦の終結と前後して消滅してしまったので、現在では「旧ソ連」や「旧共産圏」などと表現される。

■ファクトリーロード

弾薬メーカーが製作した弾薬のこと。一定の品質を維持した弾薬を、安定して手に入れることができる。

■フェイスペイント

森や藪の中では顔や手の肌色が光を反射して目立つため、黒・茶・緑などのペイントを塗って偽装効果を高めること。潜伏場所の周囲の草木や樹木を参考にして色の配分を変化させるのがコツ。また人間の視線は横方向に移動するので、横縞模様にすることで背景に溶け込みやすくなる。

■フォアエンド

ストックの前方、銃身の下に位置する部位で、右利きの射手はこの部分を左手で支えて銃を安定させる。日本語では「先台（さきだい）」。アサルトライフルやバトルライフルではフォアエンドが独立しているものがあり、その場合は「ハンドガード」「フォアアーム」などと呼ばれる。

■フォークランド紛争

1982年、アルゼンチンの大陸部から500kmの南大西洋上にあるフォークランド群島の領有権を巡って、イギリスとアルゼンチンの間に勃発した武力衝突。フォークランドを軍事占領したアルゼンチン軍に対し、イギリス政府も速やかに機動部隊を派遣してこれに対抗、アメリカがイギリス支援を表明したことも手伝って開戦一ヶ月でアルゼンチンは軍を撤退させた。

■冬戦争

1939年にソ連とフィンランドの間で起きた戦争。圧倒的少数のフィンランド軍は敵を国土の奥深くに引きずり込み、狙撃やゲリラ戦法を駆使して戦った。

■フリンチング

フリントとは“尻込む”“怯む”といった意味の言葉で、発砲時の反動に備えて無意識のうちに銃口を下げてしまうこと。精神的な緊張が筋肉に作用して現れる反射運動でもある。

■ブルバレル

通常よりも分厚く作られた銃身のこと。「ヘビーバレル」とも呼ばれる。肉厚の銃身は命中精度の上昇と、銃身寿命の延長に効果がある。

■フルメタルジャケット

鉛の弾芯を、銅や銅をベースにした合金などでコーティングした弾のこと。英語表記の頭文字（Full Metal Jacket）から「FMJ（FMJ弾）」とも呼ばれる。貫通力が高く、壁などを貫いて想定外の被害を生む可能性があるため、警察などの法執行機関では慎重に運用される。主に軍用でアメリカ軍では「ミリタリー・ボール（または単にボール）」、陸上自衛隊では「普通弾」と呼ぶ。

■フレンドリー・ファイア

味方を撃ってしまったり、味方のハズの人間に撃たれてしまうこと。スナイパーが技術不足ゆえに味方を撃ってしまうようなことはまずない（誤射の可能性が少しでもあればスナイパーは絶対に引き金を引かない）が、スナイパーの隠れ場所を知らない味方の部隊に誤射される危険は少なくない。

■ブローニングM2

アメリカの重機関銃。第一次世界大戦の末期に開発され、現在でも各国の軍隊で使用されている。重量があるため手で持って使用することはできず、三脚や車両などのマウントに固定する。

■ヘッドショット

人間の頭を狙って撃つこと。標的が防弾チョッキなどを着ていたりする可能性があったり、人質をとって立てこもったりしているケースでは、この技能が重要視される。

■ベディング

ライフルの機関部とストックを密着させ、固定すること。この部分がグラグラしていると命中精度に影響する。通常はパテを使って固めてしまうが、くっついてしまわないように油脂（ワックス）などを塗っておく。

■ベトナム戦争

ベトナムの独立と統一をめぐる戦争。フランス植民地支配からの解放を求めたベトナムの民族独立運動にアメリカが介入、南部に親米政権を樹立したことが発端。1959年にはアメリカに対する武装闘争が始まり、翌年には「南ベトナム解放民族戦線」が結成され臨時革命政府を樹立した。戦争は泥沼化し、1975年に南ベトナムの親米政権が崩壊するまで続いた。

■ボートテイル

尖頭弾（先の尖った弾頭）の底部が手漕ぎボートのようにすぼまった形状になっているもの。空気抵抗の関係から、飛距離と安定性が向上する。

■ホールドオーバー

ゼロインした距離の前後では着弾点が上下するので、その差分を考慮して照準すること。標的がゼロインした距離よりも遠かったり近かったりする場合に使うテクニックで、メーカーの弾薬諸元表には距離に応じたズレ幅が一覧表示されている。

■ホールドオフ

風の影響や銃弾の落下を考慮して、当てたい場所から離れたところに照準すること。「遠隔照準」とも呼ばれる。

■ポンチョ

四角い布の中央に穴をあけ、フードを付けたもの。本来は雨衣として用いられるが、身体のラインを隠してくれるので狙撃用のカモフラージュアイテムとして人気がある。ポンチョとは元々スペイン語で、中南米の外衣のこと。

ま

■マークスマン

歩兵部隊から選抜された狙撃手のことで「選抜射手」と表現される。射撃術に関しては専門の訓練を受け狙撃兵に近い知識・能力を持つが、隠密行動や監視に関するスキルは備えていない。遠距離射撃の可能な「マークスマン・ライフル」を持ち、歩兵として行動しながら遠方の敵を排除して所属部隊を支援する役割を持つ。

■マウントレール

狙撃銃にスコープや暗視装置などを装着するための溝（レール）。「レールマウント」「ピカティニーレール」などと呼ぶものもある。

■マズルフラッシュ

射撃の際に銃口から吹き出す“発射薬の炎や閃光”のことで「発砲炎」や「発射炎」とも呼ばれる。現象としては瞬間的なものだが非常に目立つので、注意していないとスナイパーが隠れている場所を周囲に宣伝するような結果になってしまう。

■マズルブレーキ

弾丸発射時に生じる火薬（発射薬）の燃焼ガスを銃口の左右や斜め後方に逃がし、銃身のブレをおさえるためのパーツ。狙撃銃に用いる場合、ハイパワー弾薬を発射する対物狙撃銃に取り付けられる。

■魔弾の射手

ドイツ民話を題材としたオペラのタイトル。悪魔の手を借りて作られた魔法の弾丸（6発は狙った場所に命中するが、1発は悪魔の望む場所に当たる）を巡る物語で、日本では青池保子の漫画のタイトルやT.M.Revolutionの楽曲などにその影響を見ることができる。

■マッチグレード弾

標的射撃用の弾薬で「マッチ弾」とも呼ばれる。非常に高精度だが製造にコストがかかるため、軍隊では狙撃用として特別に支給される。

■ミュンヘンオリンピック事件

1972年にドイツのミュンヘンで発生した人質事件。パレスチナ系テロリスト「黒い九月」がミュンヘンオリンピックに参加していたイスラエル選手団を人質に、同志の釈放を要求した。西ドイツ政府は要求をのんだふりをして犯人グループを狙撃するが失敗。銃撃戦の末に人質全員が死亡する結果に終わる。この悲劇を教訓として『PSG-1』のような高性能の狙撃銃が生み出され、警察の特殊部隊に配備されるようになった。

■ミルドット・マスター

スコープに映った物体のサイズから、そこまでの距離を割り出すことのできる計算尺。目盛りを「ものの大きさ（人間の身長や自動販売機の高さなど）」と、それが「ミルドットいくつ分」なのかに合わせると、距離の数値が表示される。

■モシン・ナガンM1891/30

第二次世界大戦におけるソ連の主力ライフル。帝政ロシア時代に開発されたモデルをベースに、銃身を短くするなど近代戦に対応する改良を施したもの。その中からさらに精度の高いものを選りすぐり、4倍率のスコープを装着し狙撃用としている。狙撃仕様のモシン・ナガンはボルトの操作時にスコープと干渉しないよう、ボルトハンドルに角度がつけられているところで見分けることができる。

■モノポッド

日本語では「一脚」。構造としては“単なる1本の棒”なのだが、これを銃身やストックの下に取り付けることによってライフルが上下にふらつくのをおさえる。伸縮式で長さを微調整できるものもある。

や

■薬室

銃の内部で弾薬が収まるスペースのことで、基本的に銃身の最後端に位置する。弾薬1発を包み込むように作られており、発砲時には閉鎖・密閉されて発射薬の燃焼ガスを無駄なく弾丸に伝える。ボルトアクションライフルはこの部分をカスタマイズする余地が大きいので、ハイパワーな弾薬を使用しやすい。

■薬莢（ケース）

弾を撃ち出す火薬（発射薬）を詰めるための筒。英語では「カートリッジ・ケース」だが、発射済みの空薬莢を指す場合は「エンプティ・ケース」と呼んで区別する。材質は基本的に真鍮。狙撃銃の薬莢は、一般的にアサルトライフルや拳銃用のものより大きい。

■世直しスナイパー

スティーブン・セガール演じる、シアトル警察の元特別捜査官。「オレのやり方で世直しだ」を合い言葉に、最後はなぜか肉弾戦。2015年にTV TOKYO系「S・セガール劇場」で放送された。

ら

■ライフリング（施条）

銃身内に斜めに彫り込まれた数本の溝。発射された弾が溝に食い込んで回転することによって弾道が安定し、飛距離も伸びる。「腔線（こうせん）」「腔綫（こうせん）」「施条（せんじょう／せじょう）」などの呼び方がある。

■冷戦

第二次世界大戦後に発生した、アメリカを中心とする資本主義陣営とソ連を中心とする社会主義陣営との対立構造のこと。武力を用いず経済・外交・情報などを手段として行う対立関係で「冷たい戦争」と称されたが、1989年にアメリカ・ソ連の首脳によって終結が宣言された。

■レーザー距離測定器

レーザー光の反射を利用して距離を測定する器機。「レーザーレンジファインダー」とも呼ばれる。正確な距離を計測できるが、1km以内の狙撃ではあまり必要ないという射手もいる。ゴルフ用（カップまでの距離を計測する）として民間にも普及している。

■レーザーサイト

銃口の方向に可視光線（レーザー）を当てて、狙いを付けやすくする照準装置。スイッチを入れると狙った先に光の点が照射される。素早い照準が可能なので銃撃戦では重宝するが、非常に目立つ上に遠距離射撃では光点と着弾点が一致しないことが多いので、狙撃用としては不向き。

■レーザー・ボアサイター

レーザー光を照射するボアサイティング用の器具。薬莢（ケース）の形をしていて薬室に入れて使用するものと、銃口に差し込んで使用するものがある。

■レミントンM700

アメリカのレミントン社製ボルトアクションライフル。発売されたのが1962年と古い設計のライフルで『M24』や『M40』などといった派生型が存在する。様々な口径や弾薬に対応しているため軍や警察での人気は高く、日本でも猟銃として入手可能。

■ログブック

スナイパーが射撃の結果を記録するメモのこと。「データ・ブック」とも。このデータが蓄積されることで、射手は様々な条件下で自分のライフルがどうなるのかを客観的に知ることができ、必要な修正を行う際の手助けになる。

■ロケット弾

噴射によって自力で飛ぶ弾。ミサイルや、いわゆる「バズーカ砲」から発射される弾もロケット弾の仲間である。対戦車用として発達した兵器だが、スナイパーが隠れていそうな場所に撃ち込んで吹き飛ばすといった使い方もされる。『RPG-7』や『パンツァーファウストⅢ』は厳密にはロケット弾ではないが、相手を木っ端微塵にするといった点ではあまり変わらないので、一括りにロケット弾と呼ばれることも多い。

わ

■ワンショット・ワンキル

日本語で表現すると「一撃必殺」。“1発の銃弾で必ず殺す”という考え方で、ベトナム戦争のスナイパー「カルロス・ハスコック」の言葉として有名。

■ワンホール・ショット

壁やガラスなどにできた弾痕を狙って銃を撃ち、穴を広げずに弾を通す射撃技術。「ピンホール・ショット」とも呼ばれる。

狙撃に用いられる主要弾薬のサイズ比較（ほぼ原寸大）

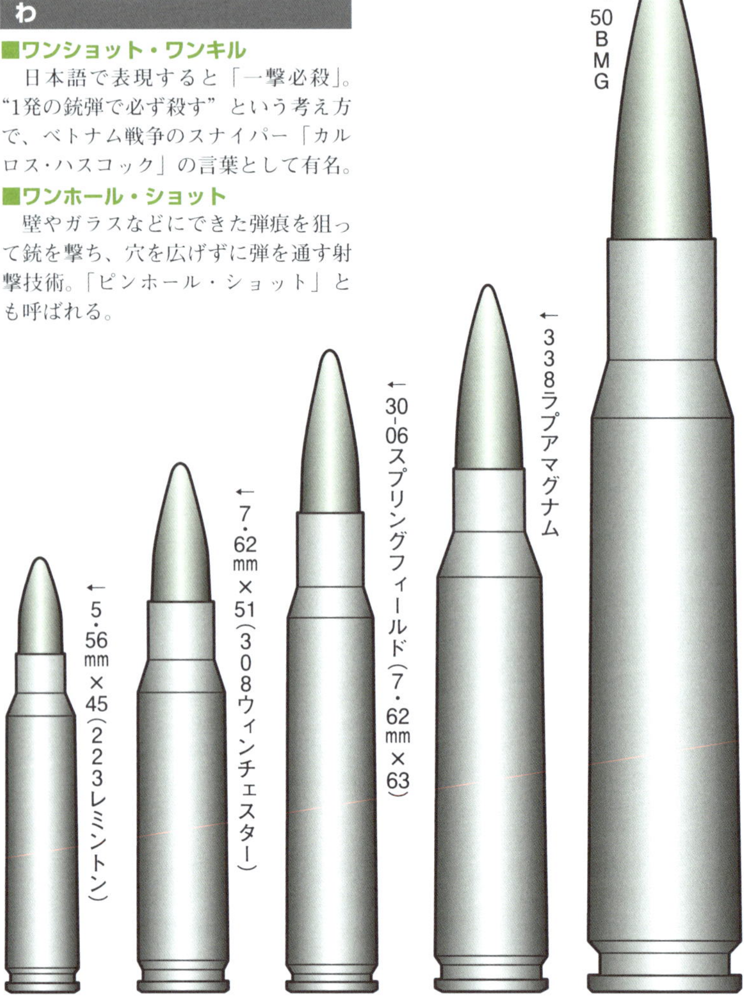

索引

英数字

あ

か

さ

た

な

は

ま

や

ら

わ

参考文献

『戦場の狙撃手』 マイク・ハスキュー 著 小林朋則 訳 原書房

『ミリタリー・スナイパー』 マーティン・ペグラー 著 岡崎淳子 訳 大日本絵画

『狙撃手』 ピーター・ブルックスミス 著 森真人 訳 原書房

『狙撃手列伝』 チャールズ・ストロング 著 伊藤綺 訳 原書房

『図説 狙撃手大全』 パット・ファレイ／マーク・スパイサー 著 大槻敦子 訳 原書房

『最新スナイパーテクニック』 ブランドン・ウェッブ／グレン・ドハルティ 著 友清仁 訳 並木書房

『SAS･特殊部隊 図解実戦狙撃手マニュアル』 マーティン・J・ドハティ 著 坂崎竜 訳 原書房

『ネイビー・シールズ 実戦狙撃手訓練プログラム』 アメリカ海軍 編 角敦子 訳 原書房

『銃と戦闘の歴史図鑑』 マーティン・J・ドアティ／マイケル・E・ハスキュー 著 角敦子 訳 原書房

『オールカラー最新軍用銃事典』 床井雅美 著 並木書房

『狙撃の科学』 かのよしのり 著 ソフトバンククリエイティブ

『白い死神』 ペトリ・サルヤネン 著 古市真由美 訳 アルファポリス

『COMBAT SKILLS』〈1・2・3〉 ホビージャパン

『SURVIVAL SKILLS』〈1・2・3〉 ホビージャパン

『コンバットバイブル』〈1・2〉 上田信 著 日本出版社

『コンバットバイブル』〈3〉 上田信 著 毛利元貞 アドバイザー 日本出版社

『SWAT 攻撃マニュアル』 グリーンアロー出版社

『警察対テロ部隊テクニック』 毛利元貞 著 並木書房

『21 世紀の特殊部隊』〈上・下〉 江畑謙介 著 並木書房

『特殊部隊』ビジュアルディクショナリー 11 DK／同朋舎出版編集部 編 矢川甲子郎 訳 同朋舎出版

『特殊部隊』 ヒュー・マクマナーズ 著 村上和久 訳 朝日新聞社

『SAS 大事典』 バリー・デイヴィス 著 小林朋則 訳 原書房

『大図解 特殊部隊の装備』 坂本明 著 グリーンアロー出版社

『世界の特殊部隊』 マイク・ライアン／クリス・マン／アレグザンダー・スティルウェル 著 小林朋則 訳 原書房

『［図説］最新世界の特殊部隊』 学習研究社

『［図説］世界の特殊作戦』 学習研究社

『犯罪捜査大百科』 長谷川公之 著 映人社

『戦争のルール』 井上忠男 著 宝島社

『戦争・事変』 溝川徳二 編 名鑑社

『月刊 Gun』 各号 国際出版

『Gun Magazine』 各号 ユニバーサル出版

『Gun Professionals』 各号 ホビージャパン

『月刊アームズマガジン』 各号 ホビージャパン

『コンバットマガジン』 各号 ワールドフォトプレス

『ミリタリー・クラシックス』 各号 イカロス出版

『歴史群像』各号　学習研究社
『週間ワールド・ウェポン』各号　デアゴスティーニ

F-Files No.052

図解　スナイパー

2016年 6 月29日　初版発行
2021年10月20日　4刷発行

著者　大波篤司（おおなみ　あつし）

本文イラスト　福地貴子
図解構成　福地貴子
編集　株式会社新紀元社 編集部
川口妙子
DTP　株式会社明昌堂

発行者　福本皇祐
発行所　株式会社新紀元社
〒101-0054　東京都千代田区神田錦町1-7
錦町一丁目ビル2F
TEL:03-3219-0921
FAX:03-3219-0922
http://www.shinkigensha.co.jp/
郵便振替　00110-4-27618

印刷・製本　株式会社リーブルテック

ISBN978-4-7753-1433-3